M. OLDENBURG

KLEINE METHODIK DER PHYSIKALISCHEN THERAPIE UND DIAGNOSTIK

KLEINE METHODIK DER PHYSIKALISCHEN THERAPIE UND DIAGNOSTIK

VON

MAGDALENA OLDENBURG

Fachlehrerin an der technischen Berufsfachschule des Lette-Vereins Berlin

Zweite, erweiterte und vollständig überarbeitete Auflage

Mit 110 Abbildungen

1954

WALTER DE GRUYTER & CO.

VORMALS G. J. GÖSCHEN'SCHE VERLAGSHANDLUNG / J. GUTTENTAG, VERLAGSBUCHHANDLUNG / GEORG REIMER / KARL J. TRÜBNER / VEIT & COMP.

BERLIN W 35

Die erste Auflage erschien 1948 unter dem Titel: Methoden der physikalischen Therapie und Diagnostik, Hilfsbuch für medizinisch-technische Assistentinnen

vormals G. J. Göschen'sche Verlagshandlung – J. Guttentag, Verlagsbuchhandlung – Georg Reimer — Karl J. Trübner – Veit & Comp. – Berlin W 35, Genthiner Straße 13

Archiv-Nr. 514754 Printed in Germany

Satz und Druck Thormann & Goetsch, Berlin SW 61
Einband Berliner Buchbindekunst, Berlin-Neukölln

ZUM GELEIT

Eine der bewährten Fachlehrerinnen an der traditionsreichen Technischen Berufsfachschule des Lette-Vereins in Berlin hat aus ihrer langjährigen Erfahrung heraus dieses Büchlein verfaßt. Es soll ein Leitfaden und eine Hilfe sowohl für den Unterricht als auch für die spätere praktische Arbeit sein.

Lehrbücher über die Methoden der physikalischen Therapie und Diagnostik liegen zwar mehrere vor. Keinem ist es aber gelungen, das geforderte und erforderliche Wissen der medizinisch-technischen Assistentin leicht verständlich und ohne theoretischen Ballast darzubieten. Im Unterricht wird nur auf das Prinzipielle und praktisch Wichtige Wert gelegt. Technische und wissenschaftliche Einzelheiten können lediglich gestreift und für besonders Interessierte angedeutet werden. Es kommt nicht auf die Blüten und Blätter am Baum an, sondern nur allein darauf, daß Wurzeln und Stamm kräftig ausgebildet werden, damit er später reichlich Früchte trägt.

Man verlange deshalb nicht von diesem Büchlein, daß es für jeden Einzelvorgang eine physikalisch exakte Erklärung bringt. Man erkenne vielmehr, daß es ein Wegweiser sein will für das umfangreiche Gebiet der physikalischen Therapie und Diagnostik und gleichzeitig ein Ratgeber für die Praxis.

Möge auch die zweite Auflage des Buches viele Freunde gewinnen.

Berlin, am 8. März 1954

Dr. Walter Frommhold
Oberarzt am Strahleninstitut der Freien Universität Berlin

INHALT

Erster Teil

Anwendung der Physik in der Therapie

I. Einleitung

Die physikalische Therapie umfaßt die Anwendung physikalischer Wirkungen auf den erkrankten menschlichen Organismus zu Heilzwecken. Fast alle Gebiete der Physik finden vielfache Anwendungen bei therapeutischen und diagnostischen Maßnahmen, nämlich

1. die Wärme
2. die Optik
3. die Elektrizität
4. die Akustik
5. die Mechanik.

Eine Anzahl von Reaktionen des Organismus tritt bei physikalischen Reizen immer wieder auf und hat allgemeine Gültigkeit. Als oberstes Prinzip gilt auch in der physikalischen Therapie das biologische Grundgesetz, die *Arndt-Schulze*sche Regel:

Kleine Dosen haben entgegengesetzte Wirkung wie große Dosen. Schwache Reize regen die Lebenstätigkeit an, mittelstarke Reize fördern sie, starke Reize hemmen sie und stärkste Reize heben sie ganz auf.

Welche Form der Reize jeweils therapeutisch angewendet wird, hängt von der Art der Erkrankung und vom Ziel der Behandlung ab und wird in jedem Fall vom Arzt bestimmt.

Allgemeine Wirkungen der physikalischen Therapie:

1. **Hyperämie,** die eine örtliche oder eine generelle sein kann, meist eine arterielle, aber auch eine venöse Blutfülle. Eine Erweiterung der Kapillaren ermöglicht eine verstärkte Blutzufuhr und führt zur Verbesserung der Ernährung des Gewebes und zur vermehrten Sauerstoffzufuhr als Voraussetzung zur Assimilation. Die verstärkte Zirkulation hat eine schnellere Entgiftung zur Folge und führt zum Anbau ersatzfähiger Körpersubstanzen. Außerdem bewirkt eine vermehrte Durchtränkung von entzündlichem Gewebe eine Schmerzlinderung (Lokalanesthesie).

   Die venöse Hyperämie läßt sich durch eine Stauung erzielen (*Bier*sche Stauung), wodurch eine Alkalisierung des Gewebes erreicht wird.

2. **Hyperthermie,** eine Überwärmung oder Wärmestauung, die dann zustande kommt, wenn die Wärmeregulation des Körpers die von außen zugeführte oder im Körper selbst erzeugte Wärme nicht mehr ausgleichen kann und die Körpertemperatur ansteigt.

3. **Viscerocutane Reflexe.** Hautreize werden durch nervliche Beziehungen zwischen Haut und tiefer liegenden Organen zur Reaktion gebracht, die darauf ihrerseits mit chemischen oder hormonalen Reaktionen antworten, d. h. in der Hauptsache mit Wärmeregulation. Es können auf diesem Wege hyperämische Organe entlastet und anämische belastet werden.

4. **Bildung von Biohormonen** (*Holzer*). Wie durch chemische können auch durch physikalische Mittel im Organismus Stoffe aktiviert oder gebildet werden, die im wesentlichen gefäßerweiternd wirken (z. B. Aktivierung der H-Substanzen durch UV-Licht).
5. **Bakterizide Wirkung** von Strahlungen. Bekannt ist die bakterizide Wirkung der Ultraviolettstrahlung, die vor allem bei oberflächlichen Prozessen wie Wunden und Pilzerkrankungen der Haut ausgenutzt wird, wobei allerdings die Heilwirkung keine Folge der Abtötung der Bakterien ist (s. Lichttherapie). Auch mit Röntgenstrahlen können Bakterien abgetötet werden, ebenso gelingt es, mit Kathodenstrahlen in wenigen Sekunden Staphylo- und Streptokokken sowie Coli- und Milzbrandbazillen abzutöten.
6. **Bildung von spezifisch wirkenden Vitaminen.** Sie tritt vor allem bei Bestrahlungen mit bestimmten Wellenlängen auf. Es ist bekannt, daß durch Bestrahlung mit UVB sich aus dem körpereigenen Ergosterin das Vitamin D_3 bildet. Der gleiche Wirkungsmechanismus kann aber auch durch korpuskuläre Strahlung oder durch ultraweiche Röntgenstrahlen ausgelöst werden.

II. Hydrotherapie

Die Hydrotherapie ist ein Sammelbegriff für thermische Wasseranwendungen mit sowohl thermischen, als auch mechanischen Wirkungen in Form von Voll-, Halb- oder Teilbädern, Duschen aller Art, Güssen, Abwaschungen, Abreibungen, Packungen, Wickeln, Umschlägen *(Prießnitz)*, Dampfbädern und Dampfduschen usw. Es handelt sich dabei in der Hauptsache um Wärmezufuhr bzw. Wärmeableitungen, die Hyperämie, Blutkreislauf- und Nervenreaktionen zur Folge haben. Diese können noch erhöht werden durch mechanische Reize wie Druck oder Strahl, z. B. bei der modernen Unterwassermassage. Zusätzlich können elektrische Reize ausgeübt werden, z. B. im Vierzellenbad, Stangerbad.

III. Bädertherapie

Hier handelt es sich speziell um Bäderanwendungen, bei denen durch Zusatz fester, flüssiger oder gasförmiger Stoffe zum Badewasser oder durch sonstige im Bade ausgeübte mechanische oder thermische Reize eine besondere Wirkung erzielt werden soll, mit Ausnahme von Schlamm- und Moorbädern. Als Zusatzstoffe sind bekannt:

a) feste Stoffe: Salze (Staßfurter Salz), Senfmehl, Kleie, Schwefelleber u. a. m.
b) flüssige Stoffe: Fichtennadelextrakt, Latschenkieferöl, Tannin, Sole u. a. m.
c) gasförmige Stoffe: Sauerstoff, Kohlensäure, Luft (in Form von Luft-Perlbädern) u. a. m.

Physikalisch handelt es sich um mechanische, thermische und physikalisch-chemische Wirkungen. Im Vordergrund steht der gesamte Ionen- und Wasseraustausch auf Grund elektrolytischer Vorgänge oder Diffusionen zwischen Bad und Patient, also die Wirkung bestimmter Stoffe, wie Sauerstoff, Kohlensäure usw. Die so vom Körper resorbierten Stoffe üben dann im Organismus eigene Wirkungen aus.

IV. Wärmetherapie

Das Wort drückt ganz allgemein nur aus, daß dem Organismus Wärme zugeführt werden soll. Dieses kann durch die verschiedensten Mittel wie Bäder, Heizkissen, Packungen, Kurzwellen usw. erreicht werden. Man versteht aber unter dem Begriff Wärmetherapie die Anwendung spezieller Wärmeträger, sog. **Peloide.** Das sind Substanzen, die in der Natur durch geologische Vorgänge entstanden sind, nämlich **Schlamme, Moore, Erden.** Sie können vorwiegend organischen Charakter haben wie Torfe, Moore und organische Schlamme, oder sie haben mineralogischen Charakter, wie Schlicke, Thermalschlamme, Kreiden oder Kieselgur. Die Heilfähigkeit der Moorbäder und Moorpackungen, Fangopackungen bei Rheuma ist bekannt.

Die Bedeutung der einzelnen heilenden Faktoren ist noch nicht völlig geklärt, wahrscheinlich handelt es sich dabei auch um physikalische Gesetzmäßigkeiten gemeinsamer physikalischer und physikalisch-chemischer Eigenschaften, so z. B. um

1. Druckwirkungen (Kompression hautnaher Gefäße),
2. Reibungswiderstand durch die Zähigkeit (Hautatmung),
3. Wärmekapazität und Wärmeleitfähigkeit,
4. chemische Eigenschaften, wie z. B. adstringierende — zusammenziehende — und antibakterielle Wirkungen der Torfe.

Die Anwendung erfolgt in Form von Ganz- und Teilpackungen oder Bädern. Vollbäder stellen eine erhebliche Belastung des Organismus dar und dürfen niemals ohne ärztliche Verordnung gegeben werden. Erfolgreich ist die Behandlung von Erkrankungen des Nervensystems (Neuritiden, Ischias etc.) oder von Gelenkerkrankungen (Rheumatismus, Arthritis deformans etc.).

V. Klimatherapie

Die Einwirkungen des Klimas auf den Zustand des menschlichen Körpers sind im negativen wie im positiven Sinne allgemein bekannt (Föhnstimmung, Gewitterschwüle, Sommerfrische). Der Begriff **Klima** ist eine Zusammenfassung physikalischer und chemischer Zustände und wird durch viele Einzelsituationen definiert, die sich gegenseitig bedingen bzw. voneinander abhängen wie: Temperatur und Luftdruck, Feuchtigkeit, Luftzustand und Winde, Größe der elektrischen Spannungen, Reinheit der Atmosphäre bzw. ihr Gehalt an gasförmigen Einschlüssen, ihr Ionengehalt, ihre Durchsichtigkeit und damit verbunden die Strahlenwirkungen der Sonne und des Bodens. Das sind alles Einflüsse, die jeder schon an sich selbst beobachtet haben wird. Sie werden zu Heilzwecken schon lange und erfolgreich ausgenutzt.

Neben der Therapie in den Kurgebieten werden heute in zunehmendem Maße künstliche Klimaanlagen und Klimakammern benutzt, die es gestatten, ohne zeitraubende und kostspielige Kuraufenthalte oder Höhenflüge jederzeit eine bioklimatische Therapie durchführen zu können.

In der **Bonner Klimakammer** (Fa. Erwaag, Bad Godesberg) steht ein Gerät für zwei oder mehr Personen zur Verfügung, mit dem es möglich ist, durch eine Vakuumpumpe den Luftdruck soweit wie erforderlich zu senken. Es werden „Höhen“ bis zu 4000 m verwendet. Zusätzlich können Medikamente vernebelt werden, Temperatur und Luftfeuchtigkeit geregelt, evtl. Ozon erzeugt werden. Auch UV- und Infrarotstrahler können eingebaut sein, so daß die verschiedensten klimatischen Bedin-

Abb. 1. Bonner Klimakammer für 2 Personen

gungen hergestellt und zur Behandlung benutzt werden können. Der Patient sitzt dabei bequem und ist durch ein Fenster und ein Telefon mit der Außenwelt verbunden und kann jederzeit beobachtet und kontrolliert werden.

Mit der Klimakammer werden z. B. bei Keuchhusten, Asthma bronchiale, Bronchitis, allergischen Erkrankungen (insbes. Heuschnupfen) und sekundären Anämien außerordentlich gute Erfolge erzielt. Sie besitzt den großen Vorteil, daß die günstigen Klimafaktoren genau dosiert und jederzeit wiederholt werden können.

Die starken Reaktionen von Kreislauf, Atmung und Blut auf die Höhenlage sind jedem Bergsteiger bekannt. Die „Höhe“ stellt einen spezifischen Reiz auf die Erythrozytenneubildung dar, hervorgerufen durch Sauerstoffmangel infolge verminderten Luftdrucks. Noch stärker als ein gesunder Organismus reagieren Kranke mit Anämien darauf. *V. Ludany* (Z. f. Immunforschung 1942/101) hat durch Versuche festgestellt, daß außerdem bei vermindertem Druck von 4000 m bis 4500 m der Komplementtiter und die bakteriziden Stoffe des Serums zunehmen, was für die Therapie von großer Bedeutung ist.

Für die praktische Durchführung von Klimakammerbehandlungen geben die Erfahrungen im med.-diagn. Institut Dr. med. habil. *Ruff*/Bonn grobe Anhaltspunkte, die genaue Behandlung wird weitgehend individuell vom Arzt festgelegt. Gegenindikationen sind: Verkalkung der Herzkranzgefäße, aktive Tuberkulose. Bei älteren und in schlechtem Allgemeinzustand befindlichen Patienten ist es ratsam, vorher ein EKG zu machen.

Anhaltspunkte für die Behandlung von:

Keuchhusten:	Aufstieg in	5—6 Min. auf 4000 m
Säuglinge:	Aufstieg in	2 Min. auf 2000 m
	Einwirkungsdauer	30 Min.
	Abstieg in	10—12 Min.
	Zahl der Behandlungen:	3—4 in Abständen von je 2 Tagen.
Asthma bronchiale:	Aufstieg in	5 Min. auf 3500 m
	Einwirkungsdauer	30 Min.
	Abstieg in	10 Min.
	Zahl der Behandlungen:	6—10 je nach Erfolg 2—3 mal wöchtl.
Bronchitis:	Aufstieg in	5 Min. auf 3000 m
	Einwirkungsdauer	30 Min.
	Abstieg in	10 Min.
	Zahl der Behandlungen:	6—8 je nach Erfolg, 2—3 mal wöchentl.
Anämien:	Aufstieg in	5—6 Min. auf 4000 m
	evtl. auch in	7—9 Min. auf 4500 m
	Einwirkungsdauer	30 Min.
	Abstieg in	10—12 Min. bzw. 15 Min.
	Zahl der Behandlungen:	1, dann übl. medikamentöse Behandlg.

VI. Lichttherapie

a) Biologisch-physikalische Grundlagen

Die Lichttherapie gehört zum ältesten Gut der Volksheilkunde. Schon Assyrer und Ägypter benutzen die Sonne zur Behandlung von Krankheiten in ihren Sonnentempeln, Griechen und Römer hatten eine hochentwickelte Lichtheilkunde. Im „dunklen“ Mittelalter ging das medizinische Wissen darüber verloren. Erst im 19. Jahrhundert hat man sich dem Licht als Heilfaktor wieder zugewandt und dann seine Bedeutung für den Organismus systematisch erforscht. 1801 wurde eine unsichtbare Strahlung im Sonnenlicht entdeckt und deren biologische Wirksamkeit beobachtet. Unsere moderne Lichttherapie ist erst rund 60 Jahre alt. Bahnbrechend war ***Finsen,*** der 1893 die Heilwirkung des ultravioletten Lichtes (UV) erkannte und seine Heliotherapie darauf aufbaute. Die systematische Lichtforschung begann Anfang unseres Jahrhunderts. Wichtigste Erkenntnisse wie die Beziehungen zwischen Licht und Rachitis und die Tatsache der Aktivierung des Vitamin D_3 aus dem Ergosterin durch Bestrahlung mit Ultraviolettlicht stammen erst aus den Jahren 1920—1926. Heute wissen wir, daß Licht, speziell UV-Licht, strahlenbiologische Reaktionsketten auslöst, die noch keineswegs vollständig erforscht sind.

Die Lichttherapie umfaßt nur ein kleines Gebiet der strahlenden Energie, nämlich das „sichtbare Licht" und die daran angrenzenden Wellenbereiche der ultravioletten und infraroten Strahlung, die elektromagnetische Schwingungen sind.

Die Ursache der biologischen Wirkung des Lichtes (seine Absorption) ist aber aus seiner Wellennatur nicht zu erklären. Erst die Vorstellung der atomaren Struktur der Strahlungsenergie, die wir dem genialen Physiker ***Max Planck*** durch seine Quantentheorie verdanken, ermöglicht es, diesen Vorgang und weitere Strahlungserscheinungen zu verstehen. Nach der Quantentheorie kann eine Strahlung nur als eine stoßweise Aussendung von Lichtteilchen — Energiequanten — aufgefaßt werden, die gradlinig in Form von Wellen mit einer Geschwindigkeit von 300 000 km/sec fortschwingen.

Abb. 2. Lebedowsche Wellenskala

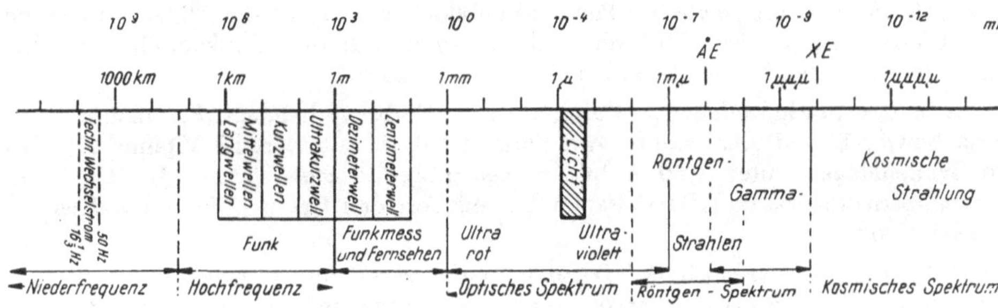

Maßeinheiten

1 μ	= 1 Mikron	= 1/1000 mm	= 1/10 000 cm	= $1 \cdot 10^{-4}$ cm
1 mμ	= 1 Millimikron	= 1/1000 μ	= 1/10 000 000 cm	= $1 \cdot 10^{-7}$ cm
1 Å	= 1 Ångström Einheit	= 1/10 mμ	= 1/100 000 000 cm	= $1 \cdot 10^{-8}$ cm
1 x	= 1 x Einheit	= 1/1000 Å	= 1/100 000 000 000 cm	= $1 \cdot 10^{-11}$ cm

Die Lichttherapie benutzt die Wellenlängen zwischen dem äußeren Infrarot und dem kurzwelligen Ultraviolett. Da der Energiegehalt einer Strahlung durch die Wellenlänge bestimmt wird, bestehen Unterschiede in der Bestrahlung mit verschieden farbigem Licht. Rotes und blaues Licht verhalten sich z. B. in ihrer Energie wie 1 : 2, jedoch hängt die Wirkung nicht nur von der Wellenlänge als solcher ab, sondern von der Absorption durch den Körper. **Nur absorbierte Strahlung ist wirksam!** (Gesetz von *Grotthus* und *Draper*).

Das **sichtbare Licht** enthält die Wellenlängen 7600 bis 4000 Å, es dringt in die Haut ein, hat aber physiologisch nur geringe Wirksamkeit.

Die **infrarote Strahlung** (IR) hat einen entzündungswidrigen Effekt. Mit der Wärmewirkung tritt sofort eine Gefäßerweiterung ein, die mit der Beendigung der Bestrahlung wieder zurückgeht.

Die **ultraviolette Strahlung** ruft biologisch spezifische Reaktionen hervor. Das absorbierte UV-Lichtquant kann je nach seiner Energie, die umgekehrt proportional der Wellenlänge ist, Atome und Moleküle zur Reaktion anregen, oder von ihnen Elektronen abtrennen und damit ionisieren und photochemische Prozesse auslösen. Man teilt die UV-Strahlung ein in:

UV A von 4000 bis 3150 Å
UV B „ 3150 „ 2800 Å (Dornostrahlung)
UV C „ 2800 „ 2000 Å und darunter (bakterizide Strahlung).

Die therapeutisch wirksamen Strahlenbereiche liegen im UV B und UV C. Die Absorption eines UV-Quants stellt den strahlenphysikalischen Primärakt dar, an den sich die biologischen Folgereaktionen anschließen. Sie spielen sich in der Latenzzeit ab und treten dann nach 2—12 Std. als manifester Zustand in Erscheinung. Die Absorption bei einer Wellenlänge von 2000 Å erfolgt 100%ig in der Hornschicht der Haut; von der Wellenlänge 3000 Å werden in der Hornschicht 66% absorbiert und 34% erreichen die Basalzellenschicht der Haut. Dort tritt eine Schädigung des Zellkerns ein, wodurch der Eiweißstoffwechsel verändert wird. Die nun gebildeten Reaktionsprodukte sind histaminähnliche Stoffe, „H-Substanzen", die durch die Zellmembran hindurchdiffundieren, Kapillaren und Nerven erreichen und dort wirksam werden.

Da in der Haut auch die Vorstufen der spezifischen Inkretionsprodukte der Nebennieren, der Schilddrüse sowie des Pancreas gebildet werden, ist die Allgemeinwirkung einer UV-Bestrahlung der Haut verständlich, wenn auch die sehr komplizierten chemisch-physikalischen Vorgänge noch nicht geklärt sind.

Das in den Stachelzellen der *Malpighi*schen Schicht vorhandene Provitamin Ergosterin bzw. 7-Dehydrocholesterin wird durch UV-Licht aktiviert zu Vitamin D; aber nur Wellenlängen unter 3150 Å bilden das antirachitische Vitamin D_3. (UV A ist therapeutisch unwirksam.) Das Vitamin D_3 reguliert den Ca- und P-Stoffwechsel des Skelettsystems.

UV A und teilweise auch UV B rufen in der Haut eine direkte Pigmentbildung ohne entzündliche Prozesse hervor, eine „Sonnenbräune", die einen Schutzschirm gegen die Lichteinstrahlung darstellt. UV B und UV C lösen eine Entzündung, ein Erythem, durch die vermehrte Bildung von H-Substanzen aus, wodurch eine Neubildung von Pigment hervorgerufen wird. Nach Abklingen des Erythems bleibt eine **sekundäre Pigmentierung** zurück. Gleichzeitig verdickt sich durch das kurzwellige UV-Licht die Hornschicht und vergrößert so den Abstand zwischen Hautoberfläche und Stratum *Malpighii* und stellt zusammen mit der Pigmentierung einen natürlichen Lichtschutz gegen weiteres Eindringen von UV B dar. Es wird als **Lichtschwiele** oder als „grüner Sonnenschirm" *(Eckert)* bezeichnet. Diese Lichtschwiele ist für die therapeutische Wirksamkeit einer Bestrahlung sehr wesentlich, denn man muß z. B. bei einer Erythembehandlung sofort mit hoher Dosis bestrahlen, ehe der Abwehrmechanismus des Körpers zur Wirkung kommt. Aus dem gleichen Grunde müssen bei Bestrahlungsserien die Behandlungszeiten gesteigert werden.

Die bakterizide Wirkung der UV-Strahlung beruht im Organismus nicht auf einer direkten Abtötung von Keimen, sondern auf einer erhöhten Wirksamkeit der *Abderhalden*schen Abwehrfermente gegen bakterielle Infektionen.

Außerdem ist eine Reihe von Einzelwirkungen bekannt, die noch nicht aufgeklärt werden konnten. Sie stehen im Zusammenhang mit Strahlungen anderer Wellenbereiche, die das natürliche Sonnenlicht enthält.

Natürliches Licht steht aber nicht immer und nicht ausreichend zur Verfügung, daher ist die Lichttherapie auf künstliche Strahlenquellen angewiesen. Die Lichtemission eines Stoffes beruht auf atomaren Vorgängen. Nach dem *Bohr*schen Atommodell besteht ein Atom aus einem Massekern, der Protonen und Neutronen enthält, und einer lockeren Elektronenhülle, in der sich die Elektronen auf verschiedenen Bahnen kreisend um den Kern bewegen. Das Atom ist elektrisch neutral und sendet kein Licht aus. Wird nun einem Atom Energie zugeführt durch Wärme, elektrische Kräfte oder durch Absorption von Energiequanten, so kann ein Elektron auf eine kernfernere Bahn gehoben werden. Beim Zurückfall des Elektrons auf seine innere Bahn wird die Energie wieder frei und als Lichtquant abgegeben (Quantensprung).

Durch Zufuhr großer Wärmemengen werden Stoffe zum Glühen gebracht und zur Lichtemission veranlaßt. Sowohl feste Körper (Metalle) als auch Gase senden bei hohen Temperaturen Licht aus, doch ist die Emission verschieden. Feste Körper geben ein **kontinuierliches Spektrum** ab, d. h. sie senden ein vollständiges Strahlengemisch aus, **weißes Licht,** das alle Wellenlängen des sichtbaren Lichtes enthält. Glühende Gase dagegen senden ganz charakteristische **Linienspektren** aus, d. h. sie geben nur **bestimmte Wellenlängen** ab.

Die Lichtemission beginnt beim Erhitzen fester Körper bei 500° C = Grauglut; mit steigender Temperatur geht sie über in Gelbglut bei ca. 1100° C, und wird ab 1300° C zur Weißglut.

b) Die Wärmestrahler

Die künstlichen Strahlenquellen sind entweder **Temperaturstrahler,** die auf der Strahlenemission leuchtender Stoffe bei hohen Temperaturen beruhen, oder **Luminiszenzstrahler,** deren Lichtaussendung elektrische oder chemische Ursachen hat. Für die Temperaturstrahler gilt allgemein, daß die Lichtaussendung um so stärker und um so kurzwelliger ist, je höher die Temperatur ansteigt. In manchen Lichtquellen haben wir eine Verbindung beider Arten, wie z. B. beim elektrischen Lichtbogen.

Die einfachsten Temperaturstrahler sind die Glühlampen in den **Lichtbädern** und **Lichtbügeln.** Die Glühbirnen sind entweder Kohlenfadenlampen mit einer Temperatur von 1500—1800° C, oder Wolframfadenlampen, die 2000—3000° C haben, und im wesentlichen sichtbares und infrarotes Licht abgeben. Als Ganz- oder Teilbäder sind die Glühbirnen in wärmeisolierten, den Körperformen angepaßten, Kästen angeordnet. Angewendet werden die Lichtbäder hauptsächlich dort, wo es auf eine allgemeine Erhöhung der Durchblutung des Gewebes ankommt, wobei sich das Gewebe gleichzeitig lockert. Deshalb werden Lichtbäder zur Erhöhung der Wirksamkeit gern vor Massagen gegeben.

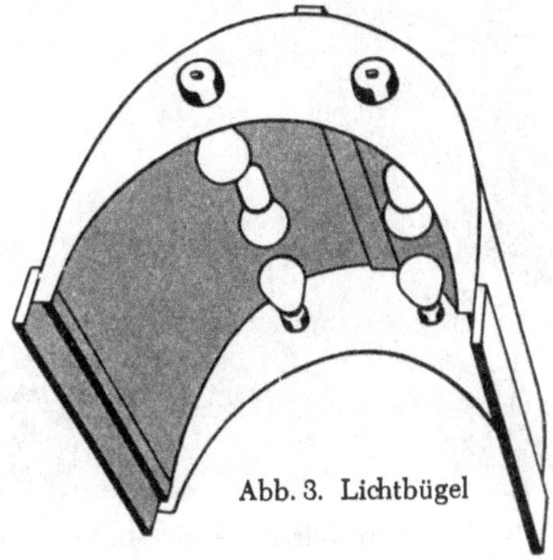
Abb. 3. Lichtbügel

Die Behandlungsdauer beträgt 20—30 Min. Es handelt sich um eine reine Wärmewirkung. Die Haut des Patienten kann zum Aufsaugen der Schweißbildung mit Zellstoff oder Tüchern bedeckt werden. Die Kastenöffnungen werden durch Decken zugdicht verschlossen. Nach Beendigung der Behandlungszeit ist die Haut abzutrocknen, und der Patient muß langsam abkühlen — besonders im Winter! — wenn sich nicht sofort eine Massage anschließt.

Eine Sonderstellung nimmt das **Kopflichtbad** ein, mit dem sich sehr gute Erfolge bei Entzündungen der Nasenschleimhaut und der Nasennebenhöhlen erzielen lassen. Die Wirkung beruht dabei im wesentlichen auf der Ausnutzung der *Hill*'schen Reflexe. Behandlungsdauer: 10 Min., danach besonders langsame Abkühlung!

Das Kopflichtbad ist ein fast allseitig geschlossener Kasten mit einem Halsausschnitt, der über den Kopf des liegenden Patienten gestellt wird und ihn von der Außenluft isoliert. Durch ein Atemröhrchen oder ein Atemloch muß der Patient während der Behandlung durch den Mund atmen, daher bei Kindern n i c h t anzuwenden! Wie bei allen Lichtkästen ist ein Thermometer zur Kontrolle der Innentemperatur, ca. 80° C, vorhanden, die durch Ein- oder Ausschalten von Glühbirnen reguliert werden kann. Zum Schutz der Augen verwendet man in Kopflichtbädern gern rot oder blau angefärbte Glühbirnen.

Ein sehr intensiver kleiner Teilstrahler ist die **Solluxlampe** (Hanau) für lokale Behandlungen. Die große Glühbirne hat eine Temperatur von ca. 3000° C und befindet sich in einem Metalltubus, der als Reflektor dient und sich nach unten verengt. Der untere Rand ist mit einem Korkwulst zur Wärmeisolierung versehen. Der darüber befindliche Einsteckschlitz dient zum Einschieben von Farbfiltern, rot oder blau.

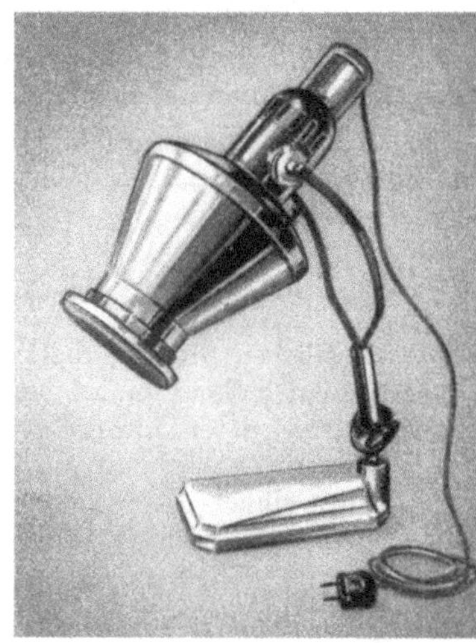

Abb. 4. Solluxlampe

Die Solluxlampe ist ein Wärmestrahler mit einem großen Anteil infraroter Strahlung (deshalb als Strahlenquelle für medizinische Infrarotaufnahmen zu benutzen, Schwarzfilter vor dem Objektiv!). Das ungefilterte weiße Licht der Solluxlampe erzeugt eine Hyperämie, wirkt schmerzlindernd und wird daher vorwiegend bei Zahnerkrankungen, Kieferhöhlenentzündungen, Furunkulose etc. gebraucht.

Abb. 5. Solilux, Infrarot-Wärmestrahler, Original Hanau

Die Benutzung von Farbfiltern, rot oder blau, dient in erster Linie der Regulierung der Wärmeintensität. Rotlicht ergibt eine mittlere, Blaulicht eine schwache Wärmedosis, wobei spezielle Farbfilter mit zweckmäßiger Farbdichte, nicht aber beliebige Filter oder farbige Glühbirnen verwendet werden sollen. Die Farben selbst haben sicher ebenfalls ihre speziellen Wirkungen, bedingt durch ihre verschiedenen Wellenlängen (Chromotherapie), treten aber praktisch in ihrer Bedeutung zurück.

Das **Blaufilter** setzt die Gesamtintensität der Strahlung erheblich herab und wirkt beruhigend; es wird benutzt bei Erkrankungen mit Wärmeüberempfindlichkeit wie z. B. Trigeminusneuralgien. Diese Strahlung wirkt entzündungswidrig und hat sich bei Erfrierungen bewährt. Wichtig ist es in jedem Fall, daß das Blaulicht auf eine eben spürbare Wärme dosiert wird, was besonders bei stärkeren Strahlern beachtet werden muß durch Abstandsregulierung. Nach ½stündiger Bestrahlung ist eine anämische Wirkung zu beobachten.

Das **Rotfilter** wird bevorzugt bei Entzündungszuständen. Es regt die arterielle Durchblutung an, wahrscheinlich ist daran aber nicht nur das Rotlicht, sondern auch angrenzendes Infrarot beteiligt.

Man unterscheidet warme und kalte Rotstrahler. Warme Rotstrahler geben kurzwelliges IR ab, das durch Filterung aus weißem Licht gewonnen wird und die verschiedensten Strahlenanteile enthält. Langwelliges IR, reines kaltes Rotlicht, liefern Neongas-Rotstrahler. Das kalte Rotlicht ermöglicht eine optimale Ausnutzung der Tiefenwirkung, da die hindernde starke Erwärmung der Oberfläche fortfällt und so in tieferen Schichten ein entzündungswidriger Effekt ausgelöst werden kann. Außerdem wird kaltes Rotlicht benutzt, wenn im Falle einer Störung der Wärmeempfindung die Gefahr einer Verbrennung vermieden werden soll.

Das **Aquasolgerät** der Quarzlampengesellschaft/Hanau ist ein neuer IR-Kurzwellstrahler, eine Weiterentwicklung der Solluxlampe, der hier ein Wasserfilter zur Absorption des langwelligen Strahlenanteils vorgeschaltet ist. Die Hautbelastung kann dadurch auf das Doppelte heraufgesetzt und entsprechend der Tiefe die doppelte Energie zugeführt werden. Zur Vermeidung einer Blendung können außerdem noch Filter davorgesetzt werden.

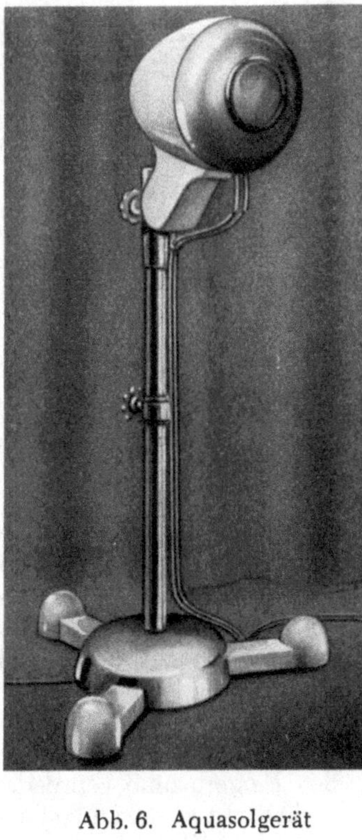

Abb. 6. Aquasolgerät

Für alle Lichtbehandlungen sind eine genaue ärztliche Verordnung und Dosierung unbedingt notwendig. Zur Ausführung von Bestrahlungen sind Zeitmesser unerläßlich, die neuerdings in die Geräte gleich eingebaut sind und die nach Ablauf der eingestellten Zeit selbständig abschalten. Der Abstand von der Haut wird im allgemeinen von der Empfindlichkeit des Patienten bestimmt, doch sollte man bei einer IR-Bestrahlung so nahe an die Strahlungsquelle herangehen, wie es das Wärmeempfinden erlaubt. Bei *gestörtem Wärmeempfinden Vorsicht!* Leicht entflammbare Gegenstände (Kämme, Spangen etc.) müssen bei allen Infrarotstrahlern aus dem Strahlungsbereich entfernt werden!

c) Die UV-Strahler

Sehr viel größere Bedeutung für die Therapie hat das **Ultraviolettlicht.** Die Sonne als natürliche Strahlenquelle enthält UV-Strahlen, aber in unseren Gegenden praktisch nur UV A und nur sehr wenig UV B. Dieser Anteil schwankt noch sehr, wir sind daher für die Therapie auf künstliche Strahlenquellen angewiesen. Als erster benutzte der Däne *Finsen* eine Kohlenbogenlampe, die zwar ein intensives UV-Licht aussendet, aber technisch unzureichend war. Das Problem einer gleichmäßigen Strahlenquelle für UV-Licht wurde von der Quarzlampen-Gesellschaft Hanau gelöst mit ihrer **„künstlichen Höhensonne"**, einer Quecksilberdampflampe, die bis heute die therapeutisch wichtigste geblieben ist.

Glühender Quecksilberdampf sendet ein starkes UV-Strahlenspektrum aus. Der Brenner besteht aus Quarz, da gewöhnliches Glas für UV-Licht undurchlässig ist. Es ist ein hochevakuiertes Quarzrohr mit festen Elektroden, das ca. 15—20 mg Hg enthält. Es handelt sich um eine Gasentladungslampe, zwischen deren Glühelektroden sich ein Lichtbogen bildet. Die Zündung erfolgt automatisch, evtl. mit Hilfe einer eingebauten Zündhilfe. Nach dem Zünden steigt die Temperatur langsam an, das Quecksilber verdampft und nach 2—3 Min. sind etwa 350° C erreicht, das entspricht einem Dampfdruck von 1 atü. und ergibt hierbei die größte Strahlenausbeute. Nun erst darf mit einer Bestrahlung begonnen werden, weil vorher eine exakte Dosierung nicht möglich ist. Die spektrale Energieverteilung ist bei einer Quecksilberhochdrucklampe therapeutisch äußerst günstig.

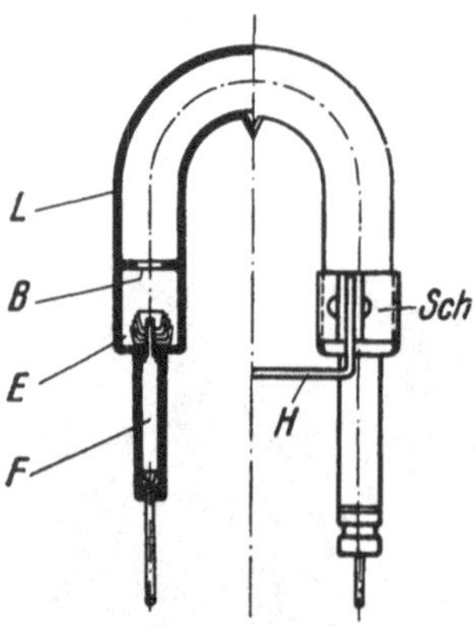

Abb. 7. Schema eines selbstzündenden Quarzbrenners

B = Blende
E = Elektrode
F = Folieneinschmelzung
H = Halterung
L = Leuchtrohr (Quarz)
Sch = Schelle

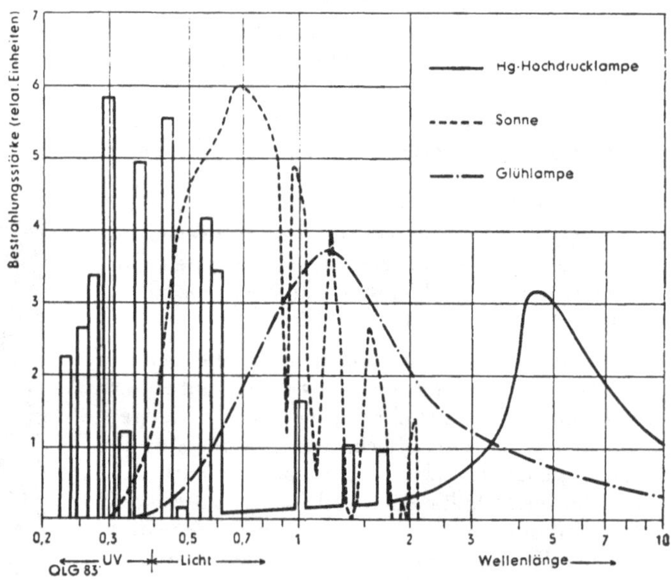

Abb. 8. Energieverteilung verschiedener Strahlenquellen über das Gesamtspektrum bei gleicher Gesamtbestrahlungsstärke (schematisch)

Vor Inbetriebnahme einer „Höhensonne" ist es notwendig, die Netzspannung zu prüfen und das dazugehörige Vorschaltgerät dementsprechend einzustellen, andernfalls kann starke Überlastung den Brenner vorzeitig zerstören. Sollte die Betriebsspannung zu niedrig sein, so brennt die Lampe nicht richtig oder erlischt während des Betriebes.

Die Intensität des Brenners läßt mit der Zeit nach und ist nach ca. 800 Brennstunden um rund 25% abgesunken, speziell im UV B und UV C. Eine sorgfältige Pflege des Brenners ist notwendig, sonst sinkt die Leistung des Brenners durch Einbrennen von Fett und Staub erheblich stärker ab. Jedes Berühren des Quarzrohrs mit den Fingern muß vermieden werden. Der Staub wird vor Inbetriebnahme durch Abwaschen mit reinem Alkohol oder Aqua dest. fortgenommen.

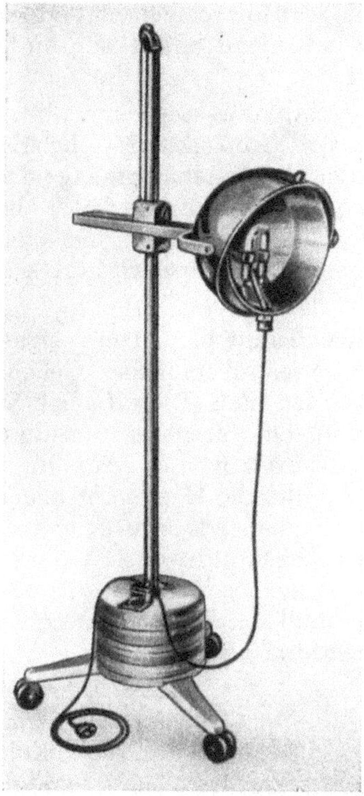

Abb. 9. Höhensonne Original Hanau mit Kugelhaube

Abb. 10. Bestrahlungsgang (Osram)

Abb. 11. Zentral-Höhensonne (Hanau)

Für die Allgemeintherapie ist der Brenner in eine Kugelhaube eingebaut und von einem Reflektor umgeben. Es gibt außerdem noch verschiedene Speziallampen für besondere Anforderungen.

In der vorbeugenden Gesundheitspflege ist die UV-Lichtbestrahlung ein wichtiger Faktor. In lichtarmen Betrieben, besonders im Bergbau, sind Großanlagen — **Solarien** — für Massenbestrahlungen eingerichtet worden, entweder als **Bestrahlungsgänge** oder mit einer **Zentralhöhensonne.** Die Höhensonnenbestrahlungen erhöhen die Widerstandsfähigkeit des Körpers gegen Erkältungskrankheiten und steigern die Leistungsfähigkeit und das Wohlbefinden des gesunden Menschen. Kranke Personen dürfen an dieser Form der Bestrahlung n i c h t teilnehmen.

Für Nah- und Kompressionsbestrahlungen ist die **Kromayerlampe** besonders geeignet. Sie besitzt ebenfalls einen Hg-Hochdruckbrenner, der in ein metallisches Gehäuse eingebaut ist, weil er mit fließendem Wasser gekühlt werden muß. Diese Lampe hat den Vorteil, daß sie in jede Lage gebracht werden kann. Die Strahlung tritt durch ein Quarzfenster aus. Es muß aber unbedingt darauf geachtet werden, daß die zu bestrahlende Körperstelle dem Quarzfenster gut anliegt. Sollte die Haut nicht überall anliegen, so fehlt an diesen Stellen die Kühlung durch das fließende Wasser und die Erwärmung wird hier zu stark. Wenn ein vollständiges Anliegen nicht erreicht werden kann, muß ein Quarzansatz verwendet werden. Ferner ist zu beachten, daß die *Kromayer*lampe gereinigt werden muß. Aus dem Kühlraum muß mit einem Wattebausch mit verdünnter Salzsäure der Eisenabsatz des Wassers entfernt werden.

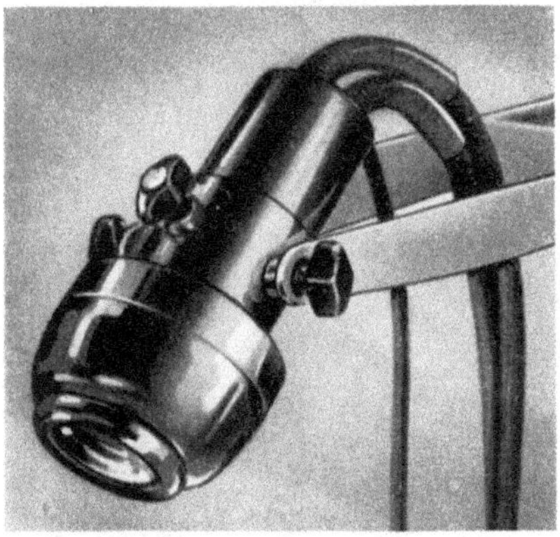

Abb. 12. Kromayerlampe

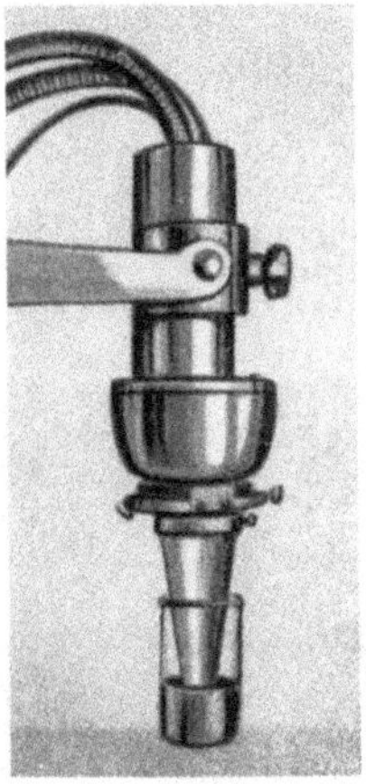

Abb. 13. Ansatz zur Bestrahlung von Blut u. Eiter

V o r Inbetriebnahme der Lampe sind die Kühlschläuche an die Wasserleitung anzuschließen und der Wasserhahn zu öffnen. Das Kühlwasser darf erst etwa 5 M i n. n a c h A u s s c h a l t e n des Brenners abgestellt werden. Für Bestrahlungen von Körperhöhlen oder Kompressionsbehandlungen kann man verschiedene Ansätze benutzen.

Zur Bestrahlung von Blut und Eiter gibt es für die Kromayerlampe einen konischen Ansatz. Die Reinjektion von UV-bestrahltem Blut hat gute Erfolge gezeigt, z. B. bei Asthma bronchiale, Bronchitis urticaria, Ulcus duodeni, Schweißdrüsenabszessen. Es wird angenommen, daß die Wirkung auf einem unspezifischen Reiz mit körpereigenem Eiweiß beruht. Nach *Havlicek* werden 10 cm^3 Blut mit 1 cm^3 4% Natriumcitrat aufgezogen und nach Durchmischen in ein mit Citrat ausgespültes Bestrahlungsgefäß entleert und mit der Kromayerlampe mit Quarzstab unter Umrühren bestrahlt und anschließend i. m. re-injiziert. Zweckmäßiger wird man aber für die Blutbestrahlung die eigens dafür geschaffene **Baktophoslampe** verwenden. Der Quarzmantel kann abgenommen werden und ist mit den üblichen Methoden zu sterilisieren.

Abb. 14. Baktophos-Quarzlampe Original Hanau

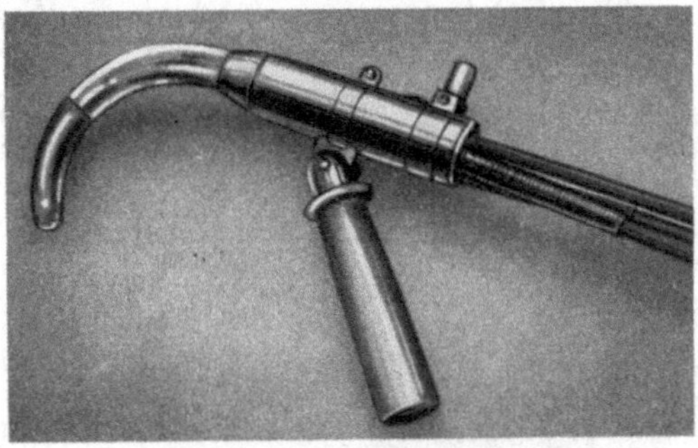

Abb. 15. Kehlkopf-Quarzlampe nach Dr. Cemach (Hanau)

Ein Spezialgerät in der Hand des Arztes ist die **Kehlkopfquarzlampe** nach *Cemach*, ebenfalls eine Hochdruck-Quecksilberdampflampe mit stark fließender Wasserkühlung, die keine Luftblasen enthalten darf und auch von Zeit zu Zeit gereinigt werden muß. Da wassergekühlte Brenner schneller an Intensität verlieren als luftgekühlte, ist ein öfteres Nachmessen der Strahlenintensität erforderlich.

Therapeutische Erkenntnisse und technische Weiterentwicklung haben zu einer **Kombination von Ultraviolett- und Infrarotstrahlern** geführt. Das **Modell S 500 T** (Hanau) bietet die Möglichkeit, UV- und IR-Strahlungen zu kombininieren oder wahlweise einzeln zu benutzen.

Abb. 16. Höhensonne Original Hanau Modell S 500 T

Die **Ultravitaluxlampe** von Osram verbindet ebenfalls UV- und IR-Strahlung und hat gewisse Ähnlichkeit mit dem Sonnenlicht. Dieser Strahler enthält eine Wolframwendel, kombiniert mit Hg-Dampf; er ist sehr empfindlich und bedingt längere Bestrahlungszeiten als die Quarzlampen.

Die **Bogenlampe** ist eine sehr starke UV-Lichtquelle. Ein Kohlelichtbogen breitet sich zwischen Anode und Kathode aus. Die Anodenkohle hat die Form eines Kraters, in dem eine Temperatur von ca. 4000° C herrscht. Heute sind die Kohlen angebohrt und mit Dochten versehen, die ihrerseits Stoffe an das Gas abgeben und das UV-Licht verstärken, so daß ein gemischtes Spektrum von Kathode und Docht ausgesendet wird. Ein Gerät dieser Art ist die **Verasol-Alpensonne,** die durch Vorschaltwiderstände auch IR-Strahlen abgibt. Der Lichtbogen hat eine Brenndauer von ca. 12 Min., die Kohlen sind nach etwa 36 Bestrahlungen verbraucht und müssen dann ersetzt werden.

Zur **Messung der Intensität** eines Brenners stehen verschiedene Methoden zur Verfügung. Man kann z. B. einen Leuko-Farbstoff benutzen, der sich unter UV-Lichteinwirkung verfärbt, den Verfärbungsgrad kolorimetrisch messen und an einer Eichtafel ablesen. Einfacher ist die Verwendung einer Selenfotozelle mit UV-Filter, z. B. Schottfilter UG 4, womit hauptsächlich die Wellenlänge 3660 Å gemessen wird.

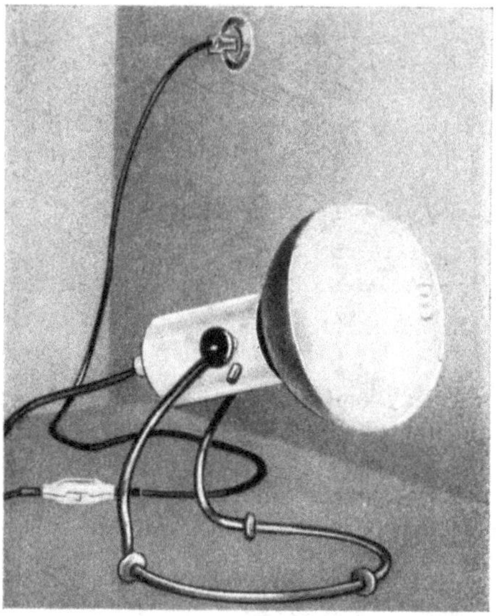

Abb. 17. Ultravitaluxlampe

Zur Kontrolle wassergekühlter Brenner verwendet man in der Praxis eine fototrope Jodkalilösung (von *Keller* modifizierte Jodmethode von *Bering-Meyer*). Baktophoslampe und Kehlkopflampe werden unmittelbar in die Lösung eingetaucht. Es wird unter stetem Umrühren bis zum bleibenden Farbumschlag in Blau bestrahlt. Mit dieser Methode wird die gesamte UV-Strahlung erfaßt. Vorbedingung einer exakten Messung ist die Kontrolle der Netzspannung.

Die **biologische Dosierung** erfolgt am Patienten selbst, entweder mit der Lochtafel nach *Wellisch* oder mit der *Wucherpfennig*schen Sektorentreppe.

Die Strahlenempfindlichkeit der menschlichen Haut — bzw. aller biologischen Objekte — ist abhängig vom jeweiligen Zustand des Körpers, sie schwankt erheblich. Allein schon jahreszeitlich bedingt ist sie in den Monaten März bis April und Oktober bis November höher als in den übrigen Monaten. Männer sind empfindlicher als Frauen, blonde Menschen reagieren erheblich stärker als Brünette. Zwischen dem 20. und 40. Lebensjahr besteht eine größere Empfindlichkeit als bei jüngeren oder älteren Personen. Nervöse Menschen, Patienten mit erhöhtem Blutdruck, erhöhter Schilddrüsentätigkeit, aktiver Tbc zeigen größere Empfindlichkeit.

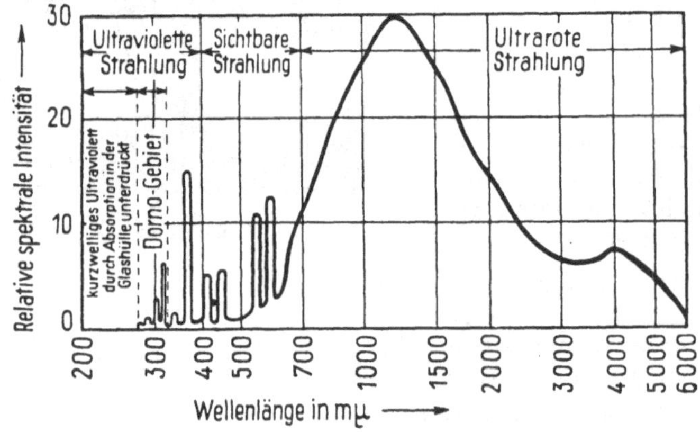

Abb. 18. Spektrale Energieverteilung der Ultravitaluxlampe

Eine erhöhte Strahlenempfindlichkeit wird ausgelöst durch erhöhten Zellstoffwechsel und stärkere Durchblutung, z. B. nach Bädern, Kurzwellen- oder Röntgenbestrahlungen. Gleichzeitige Sonnenbäder sind unbedingt zu vermeiden! Hämatoporphyrin erhöht die Lichtempfindlichkeit außerordentlich stark, so daß es schon bei j e d e r Sonnenbestrahlung zu starken Nekrosen kommen kann. Das Gesicht soll i m m e r vor Sonnenbrand geschützt werden!

Gegenindikation gegen UV-Bestrahlung wie auch gegen Sonnenbäder überhaupt besteht bei Tuberkulose und Magengeschwür, denn eine latente oder inaktive Tbc kann aktiviert, ein Ulcus vergrößert werden. Eine mit Teerpräparaten behandelte Haut ist für UV-Licht sensibilisiert!

Die individuelle **Dosisbestimmung** bei jedem Patienten, besonders bei Erythemfeldbehandlungen, ist unerläßlich. Man testet die Dosis am besten auf der Rückenhaut. Die Lochtafel nach *Wellisch* hat 5 Löcher mit je 2 cm Durchmesser (leicht selbst anzufertigen!), die mit verschiedenen Zeiten bestrahlt werden (Stufenbelichtung), wobei die Dosis nur für den angewendeten Abstand ermittelt wird. Das Resultat wird nach 24 Std. abgelesen. Eine Erythemdosis (Erythem 1. Grades) ist erreicht, wenn die Haut eine ganz leichte Rötung zeigt. Von der Zeit dieses Feldes geht die Dosierung aus, die immer vom Arzt vorgenommen wird. Da die Haut bei Bestrahlungsserien unempfindlicher wird, muß die Behandlungszeit entsprechend gesteigert werden. Ein allgemein gültiges Behandlungsschema läßt sich nicht aufstellen, jedoch wird man bei Allgemeinbestrahlungen einen Abstand von 1 m bis 1,50 m einhalten und nach 12—15 Bestrahlungen eine größere Pause von 4—6 Wochen einschalten. In dieser Zeit erwirbt sich die Haut wieder ihre ursprüngliche Strahlenempfindlichkeit. Nun kann die Behandlung wieder mit kleinen Dosen neu beginnen. Je nach dem Ziel einer Bestrahlung gibt Hanau Anhaltspunkte für die Durchführung von Bestrahlungsserien an:

Die Dosierung bezieht sich auf die ermittelte Bestrahlungszeit als Einheit (= 1) in der folgenden Tabelle:

1) Sedative Kur

Behandlung	Intervall Tage	Dosierung	Reaktion	Bemerkungen
1.	täglich oder jeden 2. Tag	0,5	Sub-erythem	Die sehr leichte Reaktion soll nach jeder Behandlung wieder auftreten. Ansteigende Dosen bis zum Auftreten des ersten Grades des Erythems
2.		0,7		
3.		0,9		
4.		1,1		
5.		1,3		
6.		1,5		

2) Tonisierende Kur

Behandlung	Intervall Tage	Dosierung	Reaktion	Bemerkungen
1.	2-3 Tage zwischen den einzelnen Behandlungen	1	Erythem ersten Grades	Das Ziel ist, nach jeder Bestrahlung den ersten Grad des Erythems zu erzeugen, ohne daß Pigmentierung auftritt. Bei jeder Behandlung werden Rücken- und Brustseite des Körpers bestrahlt. Beim Auftreten von Pigmentation 3-4 Wochen aussetzen und von vorne beginnen.
2.		1,3		
3.		1,6		
4.		2		
5.		2,3		
6.		2,6		
7.		3		
8.		3,3		
9.		3,6		
10.		4		
11.		4,3		
12.		4,6		
13.		5		
14.		5,3		
15.		5,6		

3) Therapeutische Kur

Behandlung	Intervall Tage	Dosierung	Reaktion	Bemerkungen
1.	2-3 Tage,	1	erster,	
2.	die Reaktion	1,5	später	
3.		2,25	zweiter	Nach jeder Bestrah-
4.	auf die	3,5	Grad d.	lung soll ein ausge-
5.	vorher-	5	Ery-	sprochenes Erythem
6.	gegangene	7,5	thems.	festgestellt werden
7.		11	Pigmen-	können.
8.	Bestrahlung	16	tation v.	Nach 12 Sitzungen
9.	muß	24	der 6. Be-	3-4 Wochen Pause.
10.	verschwun-	27	handlung	
11.		30	ab	
12.	den sein.	30		

Die in der Tabelle angegebene Dosierung bezieht sich auf die jeweils ermittelte Erythemdosis bzw. das Vielfache derselben.

Die **Dosisermittlung für Nahbestrahlungen mit der Kromayerlampe** ist im Prinzip die gleiche, jedoch sind die Zeiten erheblich kürzer. Man dosiert am besten auf der Innenseite des Unterarms mit 4 Feldern mit 2, 5, 10 und 20 Sekunden, wenn nötig weitere 4 Felder auf den anderen Unterarm mit 40, 80, 120 Sek. und 5 Min. Letzteres wird aber nur für Bestrahlungen im Abstand von ca. 10 cm in Frage kommen. Ablesung auch nach 24 Std.

Jede **Überdosierung** ist sorgfältig zu vermeiden. Schon bei gesunden Menschen gibt eine intensive und längere Zeit einwirkende Bestrahlung Hautschäden (Seemannshaut), die zu Teleangiektasien und Pigmentverschiebungen führen können. Bei starken Überdosierungen reagiert die Haut mit schweren Ulcerationen und Vereiterungen, die nicht reversibel sind. Ein Sonnenbrand kann eine Bronchitis oder sogar Magenkrämpfe durch viscerocutane Reflexe oder durch eine starke Histaminausschüttung hervorrufen.

Unter allen Umständen sind die Augen a l l e r im Bestrahlungsraum anwesenden Personen durch Schutzbrillen, die auch seitlichen Lichteinfall verhindern, zu schützen; evtl. müssen auch bei sehr empfindlichen Patienten die Schleimhäute (Nase, Lippen) durch Lichtschutzsalben abgedeckt werden, um einen Herpes zu vermeiden. Die Umgebung ist g u t durch Abdecken mit Tüchern, Zellstoff, Puder oder Lichtschutzsalben, die UV B nicht oder nur schlecht hindurchlassen, zu schützen. Die Lichtschutzsalben sind rein physikalisch als Filter wirksam, die geeignetsten sind die Diwag-Lichtschutzsalbe und Helioderm (Eckert).

VII. Röntgentherapie und VIII. Radiumtherapie

Diese beiden Gebiete sollen an dieser Stelle nur erwähnt werden, weil sie hier als Anwendung von Wellenstrahlungen in den großen Zusammenhang der physikalischen Therapie hineingehören. Sie sind aber für die Technische Assistentin große Arbeitsgebiete für sich und werden daher hier nicht abgehandelt.

IX. Die Anwendung der Elektrizität in der Therapie

1. GRUNDLAGEN DER ELEKTROPHYSIK

Die Elektrizität ist eine der Energieformen der Natur. Sie ruht entweder in einer Kräftebalance, der **Elektrostatik**, oder zeigt sich in Bewegung als **elektrischer Strom.** Die Teilchen, die dabei bewegt werden, sind Ionen oder Elektronen. Letztere sind als Bausteine des Atoms Elementarteilchen der Materie. Die Elektronen bilden die Atomhülle und tragen eine negative elektrische Ladung, die man als Elementarladung bezeichnet. Sie wird gebunden durch die positive elektrische Ladung der Protonen des Atomkerns, so daß das Atom selbst elektrisch neutral ist.

Die Wirkung der Ladungen aufeinander wird zusammengefaßt im **Coulombschen Gesetz: Ungleichnamige Ladungen ziehen sich an, gleichnamige stoßen sich ab.** Die elektromotorische Kraft — **EMK** —, die wirksam ist, wenn sich zwei Ladungen gegenüberstehen, ist um so größer, je größer die Ladungen sind und je kleiner ihr Abstand voneinander ist. Die elektromotorische Kraft zwischen zwei Elementarladungen in einem Abstand von 1 cm in Luft oder im Vakuum bezeichnet man als 1 **dyn.** Auf diesen Elementareinheiten und ihren Beziehungen zueinander beruhen alle elektrischen Meßwerte. 3 Milliarden elektrostatische Einheiten sind 1 **Coulomb.**

Elektrischer Strom kann nur fließen, wenn der Stromkreis geschlossen ist, d. h. wenn der positive Pol, die **Anode,** und der negative Pol, die **Kathode,** leitend miteinander verbunden sind. Zwischen diesen beiden Polen besteht eine Niveaudifferenz, die man als **Spannung** bezeichnet. Die **Stromstärke** ist die Menge der Elektronen, die in einer Zeiteinheit durch den Querschnitt des Leiters fließt. Dabei setzt letzterer ihnen einen **Widerstand** entgegen.

Zieht man zur Erleichterung der Vorstellung ein Beispiel aus der Mechanik heran, so wäre die Spannung in einem Gleichstromkreis dem in einer Wasserleitung herrschenden Druck gleichzusetzen, der vom Höhenunterschied zwischen der Entnahmestelle und dem Wasserspiegel im Wasserreservoir abhängig ist und bei geschlossenem Wasserhahn konstant bleibt.

Die Stromstärke wäre zu vergleichen mit der in 1 Sekunde durchfließenden Wassermenge. Diese ist bei geschlossenem Hahn gleich Null; bei geöffnetem Hahn ist sie abhängig vom Leitungsquerschnitt und vom Reibungswiderstand, den die Rohrwandungen dem Wasserstrom entgegensetzen.

Zwischen Druck, in 1 Sekunde durchfließender Wassermenge und Strömungswiderstand besteht eine bestimmte Abhängigkeit und ebenso zwischen Spannung, Stromstärke und Widerstand.

Die Maßeinheit für die elektrische Spannung ist das V o l t.

1 Volt ist die elektromotorische Kraft, die in einem Leiter von 1 Ohm Widerstand die Stromstärke von 1 Ampère erzeugt.

Die Maßeinheit für die Stromstärke ist das A m p è r e.

1 Ampère ist 1 Coulomb pro Sekunde.

Die Maßeinheit für den elektrischen Leitungswiderstand ist das O h m.

1 Ohm ist der Widerstand einer Quecksilbersäule von 1 m Länge und 1 mm^2 Querschnitt.

Durch die drei Größen Volt, Ampère und Ohm wird ein elektrischer Strom bestimmt. Ändert sich eine von ihnen, so verändern sich die beiden anderen entsprechend. Diese Beziehungen werden ausgedrückt durch das **Ohmsche Gesetz.** Die Spannung **U** in einem Stromkreis ist gleich dem Produkt aus Stromstärke **I** und Widerstand **R**; also

$$\text{Spannung:} \quad \mathbf{U} = \mathbf{I} \cdot \mathbf{R}.$$

$$\text{Stromstärke:} \quad \mathbf{I} = \frac{\mathbf{U}}{\mathbf{R}}$$

$$\text{Widerstand:} \quad \mathbf{R} = \frac{\mathbf{U}}{\mathbf{I}}$$

Der elektrische Widerstand ist abhängig von der Länge, dem Querschnitt und dem Material des Leiters. Den Widerstand eines Drahtes von 1 m Länge und 1 mm^2 Querschnitt nennt man den **spezifischen Widerstand.**

$$\textbf{Widerstand} = \frac{\textbf{Länge} \cdot \textbf{spez. Widerstand}}{\textbf{Querschnitt.}}$$

Den reziproken Wert des Widerstandes nennt man die **Leitfähigkeit.**

Man unterscheidet zwischen Leitern, Halbleitern und Nichtleitern. **Leiter** sind Metalle. Die besten sind Silber und Kupfer, dann folgen Aluminium, Zink und Eisen. **Halbleiter** sind z. B. Stoffe, bei denen die Leitfähigkeit von der Feuchtigkeit abhängt. Sie sind im trockenen Zustand nichtleitend, können aber feucht zu recht guten Leitern werden, wie z. B. Leder und Kunstleder, die daher für elektrotherapeutische Behandlungslager nicht verwendet werden sollen. **Nichtleiter** oder **Isolatoren** sind z. B. Porzellan, Glas, Glimmer, Gummi usw., sowie eine große Zahl eigens zu diesem Zweck entwickelter Kunststoffe.

Die **Leitfähigkeit** ist abhängig vom Aggregatzustand und von der Temperatur. In **festen Körpern** gilt das Ohmsche Gesetz, doch kann sich der Widerstand ändern, z. B. durch Temperaturerhöhung (wird dann in Metallen größer, bei Kohle geringer) oder durch Belichtung, die den Widerstand herabsetzt, am stärksten beim Selen (Anwendung in der Strahlenmeßtechnik).

Flüssigkeiten sind Leiter, wenn es sich um Elektrolyte handelt. Darunter versteht man diejenigen Stoffe, die in wäßriger Lösung in Ionen dissoziieren. Beim Stromdurchgang durch eine solche Lösung wandern die positiven Ionen zur Kathode und werden daher **Kationen** genannt, die negativen Ionen wandern zur Anode und heißen entsprechend **Anionen.** Bei der Ankunft der Ionen an den Elektroden wird ihre Ladung neutralisiert und aus dem Ion wird wieder ein Atom. Man kann so aus einer Lösung durch Anlegen von Gleichstrom Stoffe abscheiden und nennt diesen Vorgang **Elektrolyse.** Die Leitfähigkeit ist von der Zahl der Ladungsträger, d. h. von der Konzentration der Lösung, abhängig.

Für diese Leiter gelten die **Faradayschen Gesetze:**

I. Die an den Elektroden abgeschiedene Stoffmenge ist der durch den Elektrolyten hindurchgegangenen Strommenge proportional.

II. Die durch gleiche Elektrizitätsmengen abgeschiedenen Gewichtsmengen verschiedener Elektrolyte verhalten sich wie deren Äquivalentgewichte.

Gase sind im allgemeinen Halbleiter; kommt ein Stromdurchgang zustande — er setzt Ionisation, d. h. Aufspaltung in Ionen als Ladungsträger, voraus —, so bezeichnet man ihn als Gasentladung. Die Stromstärke ist abhängig von der Gasdichte und von dem Druck des Gases. Die Luft hat ihre größte Leitfähigkeit bei normalem Luftdruck. Sowohl Vakuum als auch Druckluft sind Isolatoren. Die Ionisation eines Gases, z. B. die der Luft, kann durch Strahlung oder durch bewegte Elektronen unter Verlust eines Teils ihrer Stoßenergie (Stoßionisation) bewirkt werden.

Nach der Art der Bewegung der Elektronen in einem Leiter unterscheidet man verschiedene Stromarten. Bleibt die Bewegungsrichtung der Elektronen immer die gleiche, so bezeichnet man den Strom als **Gleichstrom.** Er kann durch ein galvanisches Element erzeugt werden und wird in der Medizin daher als **galvanischer Strom** bezeichnet. Die älteste Methode der Erzeugung von Gleichstrom mit der Influenzmaschine durch Reibung spielt in der Praxis keine Rolle. Heute gewinnt man ihn meist durch Gleichrichtung aus Wechselstrom.

Ändert sich die Bewegungsrichtung der Elektronen in einem Leiter rhythmisch, so spricht man von **Wechselstrom;** die Spannung wächst von Null aus auf einen Höchstwert an, geht dann zurück über Null auf einen negativen Höchstwert, um schließlich den Nullpunkt wieder zu erreichen. Diesen im allgemeinen sinusförmig verlaufenden Vorgang nennt man eine P e r i o d e. Der übliche für Licht- und Kraftzwecke verwendete Wechselstrom hat eine Frequenz von 50 Perioden pro Sekunde oder 50 Hertz (Hz).

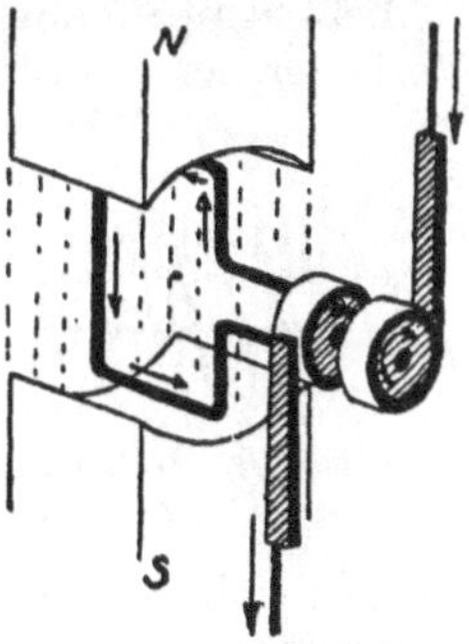

Abb. 19. Schema des Dynamoprinzips

Die praktische Erzeugung von Wechselstrom erfolgt durch magnetische Induktion. Werden magnetische Kraftlinien von einem Leiter geschnitten, so wird in diesem Leiter eine elektromotorische Kraft, eine Spannung, erzeugt. Diese Spannung ist um so höher, je mehr Windungen die Spule hat und je mehr Kraftlinien in der Zeiteinheit geschnitten werden. Dabei ist es gleichgültig, ob die Spule feststeht und das Kraftlinienfeld rotiert oder umgekehrt. Das Kraftlinienfeld wird durch Elektromagnete erzeugt. Die Anzahl der Polpaare und die Drehzahl des Ankers pro Sekunde ergeben die Frequenz des Wechselstromes.

Dreiphasigen Wechselstrom nennt man **Drehstrom.** Die einzelnen Phasen sind um

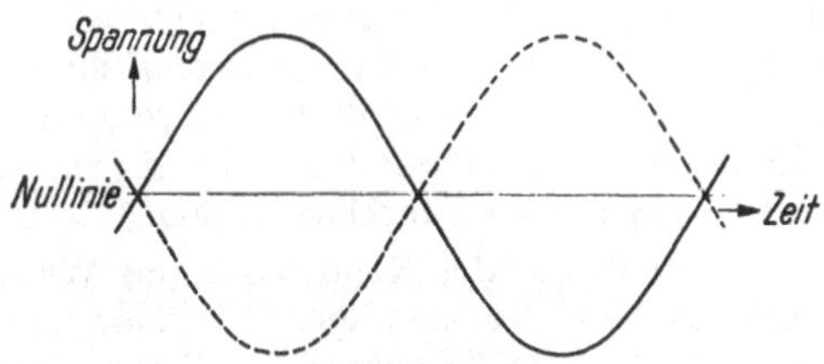

Abb. 20. Zeitlicher Verlauf einer sinusförmigen Wechselspannung

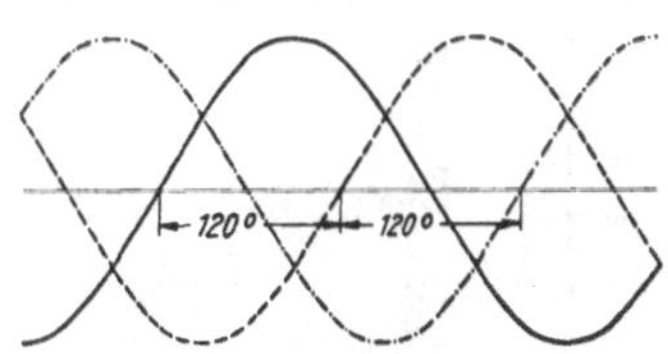

Abb. 21. Zeitlicher Verlauf der Spannung eines Drehstromsystems

120°, also um eine Drittelperiode, gegeneinander verschoben. Drehstrom hat für medizinische Behandlung keine praktische Bedeutung.

Wechselstrom (oder Drehstrom) läßt sich auf beliebige höhere oder niedrigere Spannungen transformieren. Auch die Vorgänge in einem solchen **Transformator** beruhen auf Induktion, jedoch hat ein Transformator keine rotierenden Teile. In den Spulen werden dadurch Kraftlinien geschnitten, daß ein Magnetfeld laufend rhythmisch aufgebaut und wieder abgebaut wird. Ein Transformator besteht aus einem aus dünnen Blechen aufgebauten Eisenkern, der eine Primärspule **P** und eine darüber oder daneben angeordnete Sekundärspule **S** trägt. Durch Anlegen von Wechselspannung an die Primärspule wird ein pulsierendes Magnetfeld erzeugt. Die Kraftlinien dieses Feldes schneiden die Windungen der Sekundärspule und erzeugen in ihr eine Spannung, deren Höhe vom Übersetzungsverhältnis der primären zur sekundären Spule abhängt.

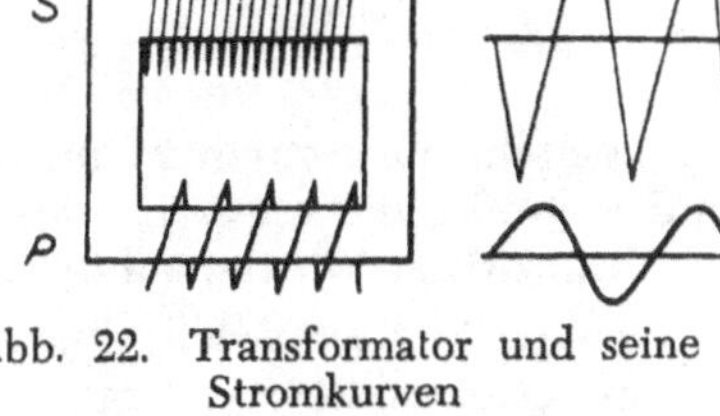

Abb. 22. Transformator und seine Stromkurven

Gleichspannung kann man nicht transformieren, weil nur beim ersten Anlegen der Spannung ein Magnetfeld erzeugt wird und dann das Magnetfeld bestehen bleibt, so daß es nicht zum laufenden Schneiden von Kraftlinien kommen kann. Unterbricht und schließt man jedoch den Primärstrom laufend, so wird in der Sekundärspule jedes Mal abwechselnd eine sogenannte Öffnungsspannung und eine Schließungsspannung induziert, wobei die Öffnungsspannung sehr hoch ist im Vergleich zur Schließungsspannung. Auf diese Art erzeugt ein **Induktor** hohe Spannungsstöße, ein Vorläufer des Transformators mit einem offenen Eisenkern. Die Leistung, das Produkt aus Spannung und Strom, ist nur gering, weil der Induktor nur in der Öffnungsphase Nutzspannung induziert. Praktisch wird der Induktor in der Medizin heute nur noch zur Erzeugung faradischer Ströme verwendet.

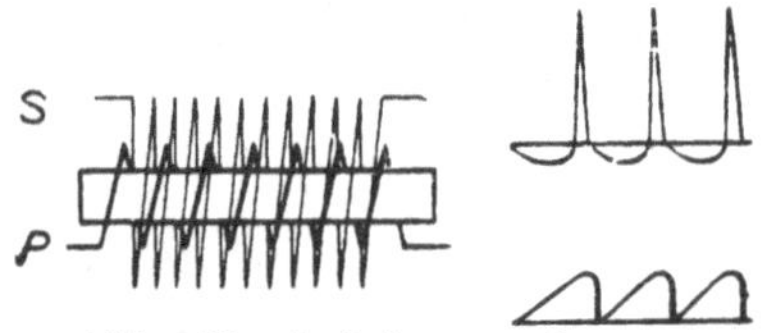

Abb. 23. Induktor und seine Stromkurven

Die Erzeugung von Wechselstrom mit rotierenden Generatoren setzt der Frequenz bei etwa 500 Hz eine Grenze, weil darüber hinaus weder die Drehzahl der Maschine erhöht, noch die Zahl der Polpaare vermehrt werden kann. Zur Erzeugung höherer Frequenzen bedient man sich des **elektrischen Schwingungskreises,** der vorwiegend aus einer Kombination von Kondensator und Spule besteht.

Ein **Kondensator** ist ein Speicher elektrischer Ladungen. Er besteht aus zwei Metallplatten, die durch einen Isolator, das **Dielektrikum,** voneinander getrennt sind, z. B. durch Luft. Sein Fassungsvermögen, seine **Kapazität,** hängt von den Eigenschaften des Dielektrikums, von der Größe der Platten und von deren Abstand voneinander ab. Bringt man einen Kondensator in einen Gleichstromkreis, so laden sich die Platten auf. Es besteht dann zwischen ihnen ein stationäres Feld, aber es fließt kein Strom, so daß der Gleichstromkreis blockiert ist. In diesem Fall bezeichnet man ihn als **Blockkondensator.**

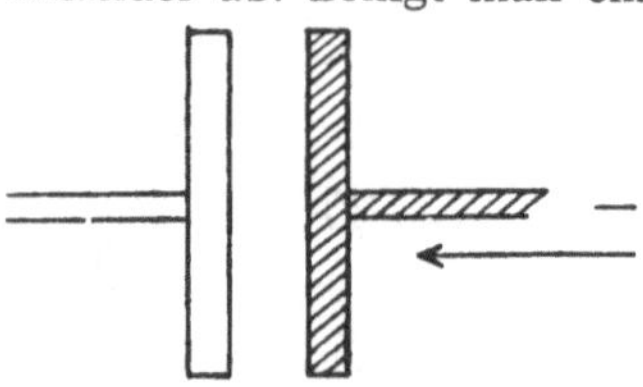
Abb. 24. Blockkondensator im Gleichstromkreis

Anders verhält sich der Kondensator im Wechselstromkreis. Infolge der ständigen Umladungen der Platten entsteht im Dielektrikum ein **Verschiebungsstrom** durch die Verschiebung der **Dipole** zu den entgegengesetzten elektrischen Polen hin. Manche Moleküle, wie z. B. Wasser oder Ammoniak, sind Dipole. Ihre elektrischen Ladungen sind im Molekül räumlich getrennt und können im elektrischen Feld gerichtet werden.

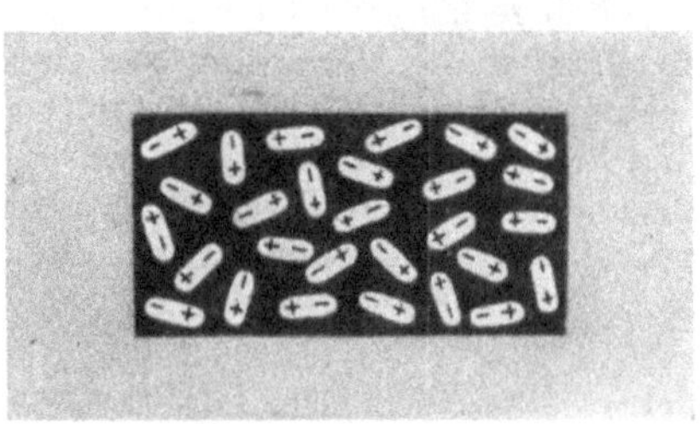
Abb. 25. Ungeordnete Dipole

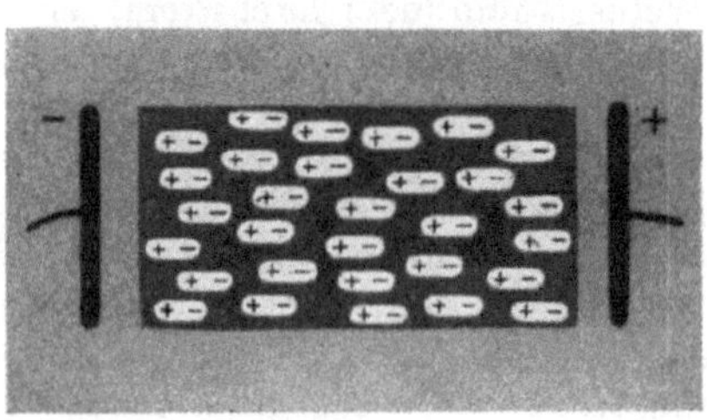
Abb. 26. Geordnete Dipole

Der Verschiebungsstrom ist um so höher, je höher die Frequenz des Wechselstromes und je größer die Kapazität des Kondensators sind. Diese beiden Größen bestimmen den **kapazitiven Widerstand** des Kondensators.

Der zweite Bestandteil eines Schwingkreises ist die Spule. Sie hat, entsprechend Länge, Querschnitt und Drahtmaterial, einen bestimmten Ohmschen Widerstand. Im

Gleichstromkreis ist nur dieser Ohmsche Widerstand maßgebend für den Strom. Bringt man dagegen eine Spule in einen Wechselstromkreis, so ist der Ohmsche Widerstand praktisch zu vernachlässigen gegenüber dem **induktiven Widerstand**, der um so höher ist, je höher die Frequenz des Wechselstromes und je größer die **Selbstinduktion** der Spule sind, letztere vorwiegend abhängig von der Windungszahl und der Größe der Windungen.

Kondensator und Spule verhalten sich also genau umgekehrt; dabei sind die Vorgänge im Wechselstromkreis verhältnismäßig kompliziert, so daß im Rahmen dieses Buches nicht näher darauf eingegangen werden kann. Es kann nur so viel gesagt werden, daß im Wechselstromkreis zwischen Strom und Spannung eine Phasenverschiebung besteht, der induktive Strom eilt der Spannung um 90° in der Phase nach, während der kapazitive Strom der Spannung um 90° vorausläuft. S. Abb. 27.

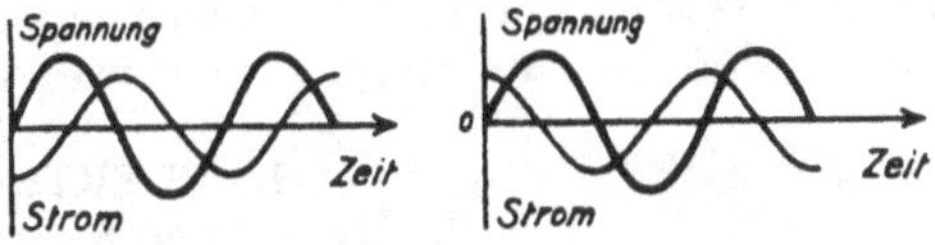

Abb. 27. Die Phasenverschiebung im Wechselstromkreis. a) bei einer Spule, b) bei einem Kondensator

Die Kombination eines Kondensators mit einer Spule ergibt den elektrischen Schwingkreis. In einem solchen entlädt sich der Kondensator über die Selbstinduktion der Spule. Da am Kondensator der Strom voreilt, während er in der Spule nacheilt, kommt auf dem Kondensator eine umgekehrte Ladung zustande, die wegen des unvermeidlichen Leistungsverlustes im Stromkreis etwas schwächer ist als die ursprüngliche. Der Vorgang, der als **gedämpfte Schwingung** bezeichnet wird, wiederholt sich solange, bis die Energie aufgezehrt ist. Man kann ihn mit einem Pendel vergleichen, welches, einmal angestoßen, mit stets gleichbleibender Schwingungszahl aber ständig kleiner werdender Amplitude ausschwingt, bis es schließlich zum Stillstand kommt, weil die Energie durch Reibungsverluste verbraucht ist. Beim Pendel wird die Frequenz durch die Länge des Pendels bestimmt; mit zunehmender Länge nimmt die Frequenz ab. Im elektrischen Schwingkreis hängt die Frequenz vom Produkt aus Kapazität und Selbstinduktion: $\mathbf{C} \cdot \mathbf{L}$ ab. Je kleiner dieses Produkt ist, desto höher ist die Frequenz und umgekehrt.

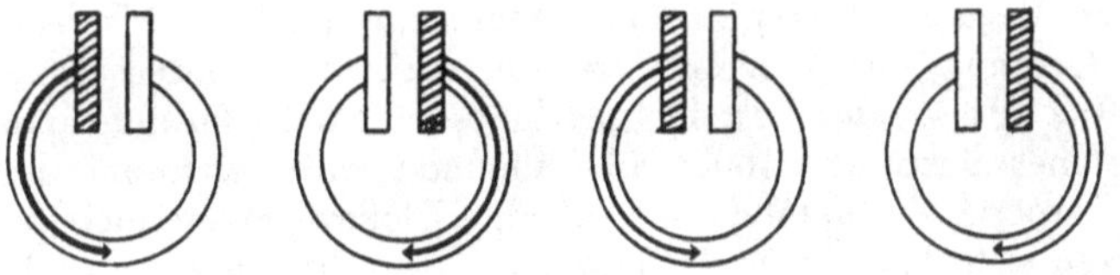
Abb. 28. Im Schwingkreis nimmt die Energie der Schwingung ab wie bei einem Pendel

Ungedämpfte Schwingungen, also Schwingungen mit gleichbleibender Amplitude, erhält man durch Aufhebung der Dämpfung. Dieses geschieht beim mechanischen Pendel durch ein Federwerk (Uhr), im elektrischen Schwingkreis durch eine Elektronenröhre, siehe Seite 29.

Der in einem Schwingkreis erzeugte hochfrequente Wechselstrom kann erst nutzbar gemacht werden durch Übertragung seiner Energie auf einen sekundären Schwingkreis auf induktivem oder kapazitivem Wege. Der Sekundärkreis besteht ebenfalls aus Induktivität und Kapazität, und muß auf den Primärkreis abgestimmt sein, er wird daher auch Resonanzkreis genannt. Zwischen

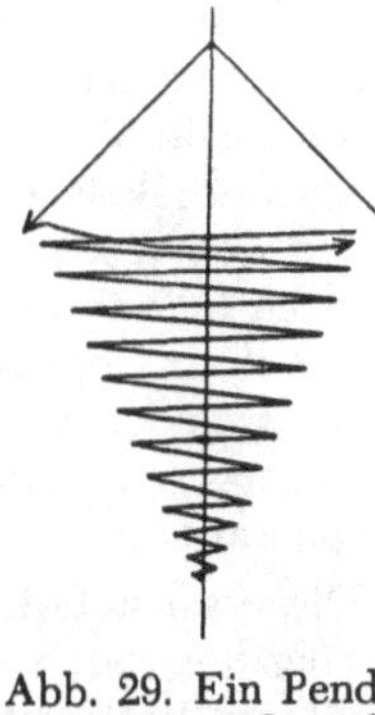
Abb. 29. Ein Pendel ergibt eine gedämpfte Schwingung

den Kondensatorplatten des Resonanzkreises besteht ein hochfrequentes Feld. Das Medium, durch das das Kondensatorfeld hindurchgeht, wird als Dielektrikum bezeichnet. Die Durchlässigkeit für das elektrische Feld ist bei den verschiedenen Medien auch sehr verschieden. Die Bewegung der Dipole im Hochfrequenzfeld geht nicht reibungslos vor sich, so daß Energie verloren geht, die sich in **Joulesche Wärme** umwandelt, das ist der dielektrische Verlust.

Der Verlust im Dielektrikum ist abhängig von der Elektronendurchlässigkeit bzw. von seiner elektrischen Leitfähigkeit. Die Leitfähigkeit im Dielektrikum wird ausgedrückt durch die **Dielektrizitätskonstante.** Das ist ein Wert, der angibt, wieviel mal größer die Leitfähigkeit eines Stoffes ist als die der Luft. Für die Leitfähigkeit der Luft ist der Wert 1 gesetzt, alle anderen Stoffe haben höhere Werte. Wasser hat z. B. die **DEK** 80; Körpergewebe zwischen 80 und 90. Der menschliche Körper läßt also das elektrische Feld mindestens 80 mal leichter hindurch als die Luft, oder mit anderen Worten: die Luft hat einen 80 mal größeren kapazitiven Widerstand als der Körper, der sich entsprechend mehr erwärmt.

2. ELEKTROTHERAPIE

a) Galvanisation

Die Galvanisation ist die therapeutische Anwendung von konstanten Gleichströmen. Der elektrische Strom übt Reize auf den menschlichen Körper aus. Er muß daher stets sehr langsam auf die gewünschte Intensität einreguliert werden, d. h., der Strom muß sich langsam **einschleichen** und ebenso langsam wieder **ausschleichen.**

Die Kenntnis der biologischen Wirkungen eines konstanten und kontinuierlichen Gleichstroms ist die Voraussetzung für seine therapeutische Anwendung und bildet die Grundlage der modernen Reizstromtherapie. Der Organismus stellt physikalisch einen elektrischen Leiter 2. Ordnung dar, umgeben von der schlecht leitenden Haut. Da das Gewebe zu rund 80% aus Wasser besteht, gleicht es einem Elektrolyten, in dem der Transport des Stromes durch die Ionen übernommen wird, während der Stromdurchgang in festen Körpern — Metallen — auf der Elektronenverschiebung beruht. Im Elektrolyten setzen sich Anionen und Kationen gleichzeitig in Bewegung, aber in entgegengesetzter Richtung. Die Folge ist eine chemische Veränderung, eine Ansäuerung an der Anode durch die Säurerestabscheidung und eine Wasseranreicherung und eine Alkalisation an der Kathode. Auf diesen z. T. sehr komplizierten Vorgängen beruht das große Gebiet der Iontophorese.

Die **Ionenwanderung** während einer Galvanisation bewirkt eine **Änderung der chemischen Konzentration,** sowohl in der Zellsubstanz (Protoplasma) als auch in der Gewebsflüssigkeit auf Grund unterschiedlicher Permeabilitätsverhältnisse an den Zellmembranen oder da, wo zwei verschiedenartige Medien aneinander grenzen. Da die H-Ionen, infolge ihrer geringeren Molekülgröße, eine bedeutend höhere Wanderungsgeschwindigkeit haben als die organischen Anionen, lassen sich Entzündungsherde durch den Abtransport der sauren entzündlichen Produkte günstig beeinflussen. Die Konzentrationsänderung stellt außerdem einen intensiven **Reiz auf alle Stoffwechsel- und Lebensvorgänge** dar, weil dadurch viele Halogen- und Mineralionen ohne Zufuhr körperfremder Stoffe aktiviert und mobilisiert werden. Dieser physiologische Prozeß wird noch unterstützt durch die vom galvanischen Strom bewirkte **langanhaltende Hyperämie.**

Die **vasomotorischen und trophischen Wirkungen** sind ebenfalls bedeutend. Sie können an der hell geröteten und warmen Haut unter der Elektrode nach der Behandlung beobachtet werden. Diese Hautpartie rötet sich auch noch nach 1—2 Tagen bevorzugt, z. B. durch Heißluft.

Die **galvanische Hyperämie** ist sehr viel intensiver als die nach anderen Behandlungen und erstreckt sich nicht nur auf die Haut, sondern auch auf die tiefer gelegenen Gewebe. Diese langanhaltende Hyperämie wirkt vorteilhaft auf die Besserung der Trophik der Gewebe ein, die nach Lähmungen, besonders Poliomyelitis, und nach Durchblutungsstörungen fast stets in Mitleidenschaft gezogen ist.

Die therapeutisch wichtigste Bedeutung hat die **sedative und analgesierende Wirkung** des galvanischen Stromes, die sich besonders unter der Anode abspielt. Dieser beruhigende Effekt beschränkt sich nicht auf die peripheren sensiblen Nerven, sondern er läßt sich auch am Zentralnervensystem nachweisen.

Die besondere Wirkung der Stromrichtung wurde zuerst an niederen Tieren beobachtet. Vornehmlich absteigender Strom, bzw. eine **absteigende Galvanisation** (Anode am Kopf, Kathode am Os sacrum), hat eine beruhigende und schmerzlindernde Wirkung, die bis zur Galvano-Narkose gesteigert werden kann. Die Erregbarkeit der Reflexe ist herabgesetzt. Eine Galvanisation ist daher eine sehr wirksame Behandlung aller spastischen Lähmungen, Hemiplegien (halbseitige Lähmungen). Auch schlaffe Lähmungen werden günstig beeinflußt, besonders die vasomotorischen und trophischen Störungen bei der spinalen Kinderlähmung.

Als **Elektroden** benutzt man einfache Metallplatten aus Zinn oder Blei verschiedener Größe und Form, die mit Frottierstoff überzogen sind, oder es wird eine dicke Stoffzwischenlage zwischen Haut und Elektrode gelegt, so daß keinesfalls die Elektrode oder auch die Anschlußklemme direkt die Haut berühren können. Die Stoffzwischenlage muß gut mit körperwarmem Wasser durchfeuchtet sein. Die günstigste Elektrode stellt für viele Zwecke der Behandlung das Wasser dar, es wird z. B. in Form der Zellenbäder oder des *Stanger*bades (hydroelektrisches Vollbad) angewendet.

Das **Vierzellenbad** nach *Schnee* besteht aus je zwei nicht leitenden Arm- und Fußwannen, in die, gegen unmittelbare Berührung geschützt, Metall- oder Kohleelektroden eingelassen sind. Mit einer besonderen Schaltung lassen sich verschiedene Stromrichtungen und Stromkombinationen der einzelnen Wannen zueinander einstellen. Ein großer Vorteil dieses Bades besteht darin, daß die auf dem Milliampèremeter angezeigten Ströme in voller Stärke durch den Körper hindurchgehen. Allerdings herrschen an den Extremitäten die größten Stromdichten. Das Vierzellenbad läßt sich auch als Drei-, Zwei- und Einzellenbad verwenden. Im letzten Fall wird der zweite Pol von einer üblichen, mit Stoff unterlegten Elektrode gebildet.

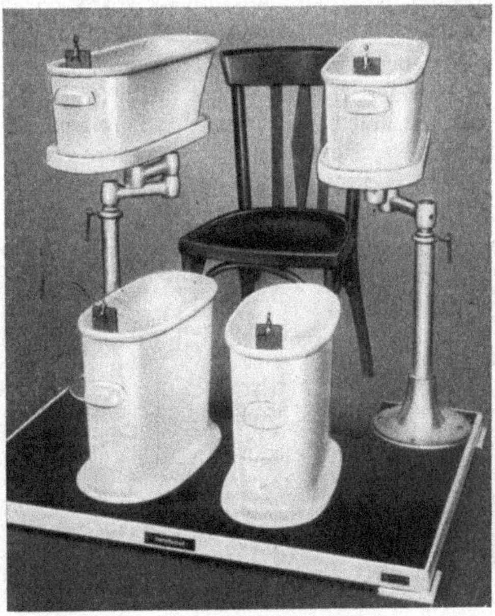
Abb. 30. Vierzellenbad nach *Schnee*

Das **hydroelektrische Vollbad** dient hauptsächlich zur Allgemeinbehandlung. Aber hier geht infolge der guten Leitfähigkeit des Wassers ein großer Teil des elektrischen Stromes am Körper des Patienten vorbei, sofern nicht stromsperrende Membranen aus geeigneten Isolierstoffen benutzt werden.

Das **Stangerbad** ist eine Sonderform des hydroelektrischen Vollbades, wobei dem Wasser noch Badezusätze (z. B. Lohtannin) beigefügt werden. Durch eine besondere Anordnung von zahlreichen geschützt angebrachten Elektrodenplatten, können einzelne Körperteile bevorzugt durchströmt werden. Die Wassertemperatur beträgt 34 bis 37° C und hat zusätzlich eine beruhigende und entspannende Wirkung. Bei rheumatischen Erkrankungen kann man die Wassertemperatur bis zu 40° C steigern.

Bei der stabilen Galvanisation soll der Körper möglichst gleichmäßig durchströmt werden. Man wählt daher meist zwei gleichgroße Elektroden. Im allgemeinen handelt es sich um **Längsgalvanisationen;** besonders intensive Durchströmungen erreicht man mit der **Quergalvanisation** nach *Kowarschik.* Hierbei benutzt man etwa 1 m lange und 8 cm breite Elektroden, die an der Beuge- und Streckseite des Beines, bei Ischias z. B., angebracht werden (Kathode unten). Bei jeder Art von Quergalvanisation ist darauf zu achten, daß die Elektrodenbreite nicht mehr als ein Viertel des Umfanges der Extremität beträgt, da es sonst an den Berührungsstellen der beiden Elektroden zur unerwünschten Verstärkung der Stromdichte kommen kann, der sogenannten Kantenwirkung.

Die Dauer der Behandlung wird nach der Art der Erkrankung und der Empfindlichkeit des Patienten jeweils vom Arzt bestimmt. Man beginnt meist mit kurzen Behandlungszeiten, die allmählich bis auf 10—15 Min. und darüber gesteigert werden können.

Es wurde schon darauf hingewiesen, daß das Einschalten der gewünschten Stromstärke niemals plötzlich erfolgen darf. Der Strom muß sich langsam „einschleichen". Auf diese Weise lassen sich auch wesentlich höhere Stromstärken anwenden, als bei schnellem Hochregeln der Intensität. Das Ausschalten darf ebenfalls nur langsam geschehen, ganz besonders bei Behandlungen am Kopf, da es sonst leicht zu Schwindelgefühlen und anderen unangenehmen Erscheinungen kommen kann. Aus den gleichen Gründen darf der Strom während der Behandlung auch nicht plötzlich gewendet werden. Erst nach langsamem Ausschleichen darf die Stromrichtung geändert werden und der Strom muß von neuem langsam einschleichen.

Der benötigte konstante Gleichstrom kann entweder galvanischen Elementen, Batterien oder dem Lichtnetz durch Zwischenschaltung von Umformern bzw. Transformatoren und Gleichrichtern entnommen werden. Man benutzt heute vorwiegend Netzanschlußgeräte, die durch besondere Schaltungen in der Lage sind, einen völlig konstanten Gleichstrom abzugeben, z. B. der **Pantostat 523** von Siemens.

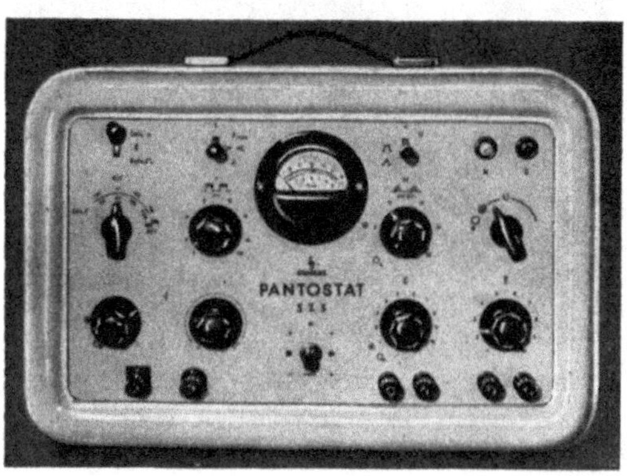

Abb. 31. Pantostat 523 v. Siemens

Alle Galvanisationsgeräte haben neben dem Hauptschalter Ein — Aus und den mit + und — gekennzeichneten Kabelanschlüssen noch einen Polwender (N — W), der dazu dient, die Stromflußrichtung ohne Elektrodenwechsel beliebig umkehren zu können. (**N** = **n**ormal bedeutet, daß die Kabelanschlüsse der Bezeichnung entsprechen; **W** = gewendet bedeutet die entgegengesetzte Stromrichtung.)

Alle Geräte haben einen Intensitätsregler und ein Milliampèremeter. Da viele Geräte zur Galvanisation und auch zur Faradisation verwendet werden können, besitzen sie auch einen Wahlschalter für die gewünschte Stromart, evtl. auch für konstanten oder geschwellten galvanischen oder faradischen Strom, sowie auch für eine Kombination beider Stromarten, die Galvano-Faradisation.

b) Iontophorese

Die Iontophorese ist ein Verfahren, mittels Gleichstrom Medikamente durch die Haut in den Körper einzuführen und direkt an den Herd der Erkrankung heranzubringen. Sie beruht auf dem Transport von Ladungsträgern in einem Elektrolyten durch konstanten Gleichstrom.

Bei Anlegen von Gleichstrom wandern in einem Elektrolyten die dissoziierten Ionen zu den ihrer eigenen Ladung entgegengesetzten Polen hin (Anionen und Kationen). Da die Ionen die Träger des Stromes sind, ist die Iontophorese identisch mit der elektrolytischen Leitung, und sie wird um so größer sein, je mehr Ladungsträger vorhanden sind. Die Iontophorese ist daher am stärksten in Flüssigkeiten hoher elektrolytischer Leitfähigkeit, also bei hoher Konzentration. Die Wanderungsgeschwindigkeit der verschiedenen Ionen ist sehr verschieden. Ein Wasserstoffion z. B. wandert in 1 Stunde 117 mm, ein Natriumion nur 16,3 mm bei einer Spannungsdifferenz von 1 Volt auf 1 cm Weglänge.

Die menschliche Haut ist für Ionen durchlässig und der Körper, der zu rund 80% aus Wasser besteht, gleicht einem Elektrolyten. Ein Teil der Ladungsträger der Lösung sind Flüssigkeitsmoleküle, Wasser $(H_3O)^+$. Steht die Wanderung der Ionen im Vordergrund, so spricht man von einer **Iontophorese,** steht die Wanderung von Flüssigkeitsmolekülen im Vordergrund, so spricht man von einer **Elektroendosmose.** Da Flüssigkeitsmoleküle und Ionen grundsätzlich entgegengesetzte Ladungen haben, arbeitet die **EEO** entgegengesetzt wie die **IP.**

Die Ausführung einer **Iontophorese** gleicht im wesentlichen der einer stabilen Galvanisation. Man benutzt konstanten und fein regulierbaren Gleichstrom, wie ihn der **Pantostat** bis zu 60 mA und das **Neuroton** bis zu 80 mA liefern. Zu diesem Zweck werden unbezogene Elektroden verwendet und die Zwischenlage, die Mullkompresse, mit dem Medikament getränkt, oder wenn es sich um eine Salbe handelt, wird diese auf der Haut verrieben und darüber eine feuchte Mullkompresse gelegt.

Eine Iontophorese kann auch in der Wanne eines Zellenbades ausgeführt werden, wobei das Medikament dann im Wasser gelöst wird. Wie bei einer Galvanisation ist sehr auf langsames Ein- und Ausschleichen des Stromes zu achten, sind die Kontakte zu prüfen, damit nicht durch Wackelkontakte Stromunterbrechungen mit unangenehmen Erscheinungen entstehen. Ebenso darf während der Behandlung keine Polwendung vorgenommen werden.

Die Menge des in die Haut eindringenden Medikamentes ist abhängig von der Stromstärke, der Durchströmungszeit und von der Größe der Elektrodenfläche. Da bei gegebener Elektrodenfläche die Stromstärke einen Höchstwert von 0,5 mA pro cm^2 Elektrodenfläche nicht überschreiten darf, hängt also praktisch die Menge der eindringenden Substanz von der Durchströmungszeit ab. Je niedriger die verwendete Stromstärke ist, um so länger muß die Behandlungszeit sein, darf jedoch auch über eine Höchstzeitdauer von im allgemeinen 60 Minuten nicht ausgedehnt werden. Kopfbehandlungen sollen auch bei niedrigen Stromstärken, 2—5 mA, auf 30 Minuten beschränkt werden.

Vor Beginn einer Iontophorese muß man sich über die Polarität der zu verwendenden Medikamente orientieren. Diese können anodisch oder kathodisch wirksam sein.

D. h. anodische müssen an der Anode, kathodische an der Kathode angelegt werden, sonst können deren Ionen nicht in die Haut eindringen.

Die hauptsächlichsten Anwendungsgebiete sind Haut- und Schleimhauterkrankungen, Rheumatismus und Gicht, Erkrankungen des Zentralnervensystems und Neuralgien. Man wendet z. B.:

Histamin, anodisch, in Lösung oder als Imadylsalbe z. B. bei Erysipel,

Bienengift, anodisch, als Forapin- oder Apikursalbe bei Rheuma und Blutergüssen.

Auch andere Stoffe, wie Chinin und Kokain, anodisch, oder Kaliumjodat, Natrium salicylicum und Halogene, die kathodisch sind, werden zur Iontophoresebehandlung benutzt.

Die **Elektroendosmose** ist in der Hauptsache ein Wandern von Wasser zur Kathode, wodurch eine Wasseranreicherung im Kathodenbereich erzielt wird. Gleichzeitig wandern aber auch die positiven H-Ionen zur Kathode und bewirken eine Änderung der H-Ionenkonzentration. Durch die Anreicherung mit H-Ionen ergibt sich an der Kathode eine Ansäuerung und eine Alkalisierung an der Anode. Auf eine nähere Erklärung der elektroendosmotischen Flüssigkeitsverschiebung muß in diesem Rahmen verzichtet werden.

Die Größe der geförderten Flüssigkeitsmenge ist abhängig von der Stromstärke und von der spezifischen Leitfähigkeit des Lösungsmittels. Die pro Sekunde geförderte Flüssigkeitsmenge ist umgekehrt proportional der Leitfähigkeit. Die Elektroendosmose ist am wirksamsten bei geringer elektrolytischer Leitfähigkeit der Lösung, also bei geringer Konzentration. Nach *Rein* werden z. B. in 1 Minute pro cm^2 durch 1 mA 1,6 mm^3 Wasser oder 2,4 mm^3 10% Traubenzuckerlösung befördert.

c) Reizstromtherapie

Neben dem galvanischen Strom haben in der Medizin faradische Ströme mit Frequenzen zwischen 15 und 250 Hz zur Behandlung von Muskellähmungen Anwendung gefunden. Jedoch treffen faradische Reize nicht nur den erkrankten Muskel, sondern gleichermaßen die benachbarte gesunde Muskulatur, die sehr viel leichter erregbar ist als ein kranker Muskel und daher bei den notwendig stärkeren Reizen schmerzhaft reagiert und der Behandlung Grenzen setzt. Durch Anwendung von **Schwellströmen** gelang es, die Reizwirkung des faradischen Stromes auf den Muskel der natürlichen Funktion weitgehend anzupassen und schmerzfrei zu machen durch in langsamem Rhythmus ansteigende und wieder zurückgehende Spannung.

Es hat sich aber gezeigt, daß die faradischen Ströme den physiologisch-therapeutischen Anforderungen nicht entsprechen, außerdem bestehen praktisch keine Wirkungsunterschiede zwischen einem faradischen Strom und einem entsprechend zerhackten Gleichstrom. Man unterscheidet daher heute die

stabile Galvanisation, d. h. die Behandlung mit **konstantem Gleichstrom,** und die

Reizstromtherapie, die **Gleichstromstöße** verschiedenster Intensität, Anstiegsteilheit der Impulse, Impulsdauer und Pausendauer anwendet.

Moderne Geräte sind in der Lage, nahezu jeden beliebigen Reizstrom, der durch diese Komponenten definiert wird, zu erzeugen. Dieses ist technisch erst möglich geworden durch Anwendung elektronischer Mittel, mit denen man dem Strom jeden willkürlichen Verlauf geben, und ihn kontinuierlich oder geschwellt entnehmen kann.

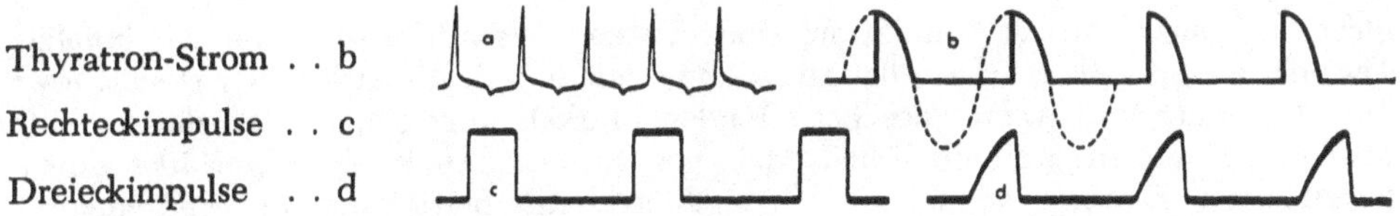

Abb. 32. Stromformen: ungeschwellt. a — faradisch, b — mit Thyratron, c — Rechteck, d — Dreieck

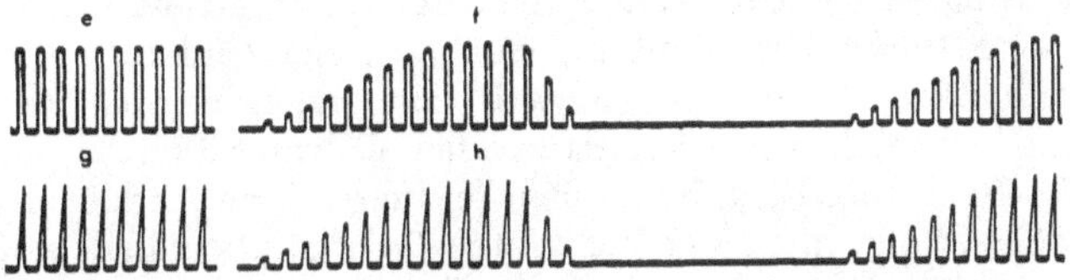

Abb. 33. Stromformen: geschwellt. e — Rechteck-Impulsfolge, f — geschwellte Rechteckimpulse, g — Dreieck-Impulsfolge, h — geschwellte Dreieck-Impulse

Einen wesentlichen therapeutischen Fortschritt brachten die **Dreiecksimpulse,** die in bezug auf Länge, Anstiegsteilheit, Stärke und Pausendauer zu variieren sind. Mit dieser Stromform ist es möglich geworden, die gelähmte Muskulatur selektiv zu erregen und zu behandeln, ohne daß benachbarte gesunde Muskeln gleichzeitig miterregt werden. Außerdem werden stärkere Schmerzen vermieden. Die Ursache dafür liegt in der Tatsache, daß gesunde Nerv-Muskelsysteme und sensible Nerven gegenüber ansteigenden Dreieckströmen eine wesentlich höhere Zeitschwelle zeigen als ein erkrankter Nerv. Mit dieser Methode läßt sich auch das vegetative Nervensystem beeinflussen, z. B. kann man die Darmtätigkeit bei Obstipationen anregen oder über das vegetative System Wehen auslösen.

Die Behandlung muß nach exakten Angaben des Arztes durchgeführt werden. Dazu steht heute der **Pantostat 523** zur Verfügung, der sowohl konstanten Gleichstrom zur Galvanisation wie auch Impulsströme liefert, die in bezug auf Dauer der Impulse, Impulsform und Stromstärke (bis 60 mA) regulierbar sind und in konstanter Amplitude oder als Schwellströme entnommen werden können. Außerdem besitzt er ebenso wie die früheren Ausführungen des Pantostaten Anschlüsse für **Endoskopie** und **Kaustik.**

Ein hochwertiges Spezialgeräte ist das **Neuroton** (Siemens), Abb. s. Seite 82, mit dem in kontinuierlicher Regulierung alle gewünschten Effekte eingestellt werden können bis zu 80 mA Stromstärke. Außerdem aber können auch Einzelimpulse, durch Hand- oder Fußschalter auszulösen, gegeben werden.

Als aktive oder differente Elektroden werden kleine, runde, ovale oder plattenförmige Metallelektroden benutzt, die 2—5 cm groß und mit Mull bezogen sind. Die indifferenten Elektroden bestehen aus schmiegsamem Blech mit abgerundeten Ecken, die mit einer dicken Stoffunterlage benutzt und mit gelochten Gummibändern und Einsteckknöpfen befestigt werden.

Die Behandlung kann monopolar oder bipolar ausgeführt werden. Bei der **monopolaren Technik** wird der Nerv über dem sogenannten motorischen Punkt des Muskels, meist der Eintrittsstelle des Nerven in den Muskel, mit einer kleinen differenten Elektrode gereizt, die größere indifferente Elektrode wird in der Regel dabei proximal angelegt. Durch die Konzentration des gesamten Stromes auf die aktive Elektrode wird hier die Reizung bei größerer Stromstärke sehr schmerzhaft und außerdem wird nicht der ganze Muskel vom Strom durchflossen. Deshalb wird heute die **bipolare Technik** vorgezogen. Hier werden zwei große, gut unterlegte Elektroden jeweils etwa über Ursprung und Ansatz des betreffenden Muskels angelegt, so daß der gesamte Muskel von einem größtmöglichen Maß von Stromdichte bzw. Stromstärke durchflossen wird. Dadurch können — ohne schmerzhafte Belästigung des Patienten — größere Stromstärken angewendet und kräftigere Muskelkontraktionen erzielt werden.

Sehr zweckmäßig für die Durchführung einer Reizstromtherapie ist eine **Vorbehandlung** mit konstantem galvanischem Strom. Für die Regeneration einer gelähmten Muskulatur ist eine starke Durchblutung eine sehr notwendige Voraussetzung, die besonders langanhaltend durch eine Galvanisation erzielt werden kann. Es kommt außerdem noch schon nach einer kurzdauernden Galvanisation zu einer deutlichen Herabsetzung der Reizschwelle, d. h. zu einer leichteren Erregbarkeit durch elektrische Reize. Die Vorbehandlung mit einer konstanten Galvanisation bedeutet also ein vermehrtes und verstärktes Ansprechen auf die Reizstromtherapie. Zur Erhöhung der Durchblutung können auch heiße Bäder, Lichtbäder, Massagen oder ähnliches vorausgehen.

Die Stromform, Impulsdauer und Pausenlänge muß für jeden Patienten vom Arzt ausgewählt und angegeben werden. Dann aber müssen Stromstärke, Anstiegsteilheit und Impulsdauer so lange gegeneinander verändert werden, bis sich ein optimales Verhältnis zwischen einer möglichst kräftigen und vorwiegend auf den erkrankten Muskel beschränkten Kontraktion und einer möglichst geringen sensiblen Beanspruchung des Patienten einstellt. Nur so läßt sich eine sinnvolle, den jeweiligen Verhältnissen angepaßte selektive Übungstherapie erreichen.

Die **Behandlungsdauer** darf über auftretende Ermüdungserscheinungen des Muskels nicht hinausgehen. Bei den ersten Behandlungen tritt eine Ermüdung — deutliches Nachlassen des Kontraktionsausmaßes — sehr schnell auf. Mit zunehmender Besserung ist der Muskel nicht mehr so schnell erschöpft, dann kann die Behandlung bis auf maximal 10 Minuten ausgedehnt werden.

Inaktivitätsatrophien durch mechanische oder funktionelle Ruhigstellung können durch eine solche Reizstromtherapie oft in erstaunlich kurzer Zeit gebessert werden. Bei schlaffen Lähmungen, Nervenverletzungen und bei Poliomyelitis kann hierdurch der Muskel funktionsfähig erhalten werden.

Bei **spastischen Lähmungen** ist die Muskulatur schon durch eigene Reflexe verkrampft. Hier würde jede weitere elektrische Reizstromtherapie den Spasmus nur verstärken, also den Schaden noch vergrößern, und darf deshalb in solchen Fällen nicht angewandt, sondern hier muß der Spasmus durch eine konstante Galvanisation gelöst werden.

3. KURZWELLENTHERAPIE

a) Grundlagen

Im Jahre 1892 begann der franz. Physiologe *D'Arsonval* hochfrequente Ströme therapeutisch anzuwenden. Er hatte gefunden, daß hochfrequente elektrische Ströme nur sehr geringe Reizwirkungen auf sensible und motorische Nerven ausüben und daß diese Reize bei weiterer Steigerung der Frequenzen ganz aufhören und damit erlauben, dem Körper sehr viel größere Strommengen zuzuführen. Die auf diese Weise mögliche Durchwärmung des Körpers wurde als **Diathermie** bezeichnet.

Der Wechselstrom des Lichtnetzes hat eine Frequenz von 50 Hz, d. h., er wechselt in der Sekunde 100mal seine Richtung und gehört zu den niederfrequenten Wechselströmen, gegenüber den hochfrequenten Strömen, die ihre Richtung 100 000mal und mehr pro Sekunde wechseln. Es bestehen wesentliche Unterschiede zwischen beiden, nicht nur in der Wirkung auf biologische Objekte, sondern auch in der Erzeugung.

Niederfrequente Wechselströme werden in rotierenden Generatoren erzeugt. Die Frequenz ist durch die Polzahl und die Drehzahl der Maschine bestimmt. Rotierende Generatoren werden bis etwa 500 Hz verwendet. Zur Erzeugung höherer Frequenzen wird der elektrische Schwingkreis benutzt. Er besteht aus einer Kapazität (einem Kondensator) und einer Induktivität (Drahtspule mit wenigen Windungen) s. S. 21. Die Funktion eines Schwingkreises ist aus der Abb. 34 zu ersehen. Wird der Kondensator **C** aufgeladen und durch Öffnen eines Schalters von der Stromquelle abgeschnitten, so entlädt sich der Kondensator, und seine gesamte Energie fließt als Strom über die Spule **L** und baut um diese ein elektromagnetisches Feld auf. Dieses erreicht seine größte Stärke, wenn die Ladungsspannung am Kondensator **C** gleich O geworden ist (Abb. 34 B). Durch die Selbstinduktion der Spule entsteht ein neuer, dem ersten entgegen gerichteter Strom, der den Kondensator erneut auflädt (Abb. 34 C). Der Strom in der Spule ist dann Null geworden und der Kondensator hat wieder seine Ladung, die aber um die Verluste in der Strombahn vermindert ist. Diese Vorgänge wiederholen sich nun so lange, bis die gesamte ursprüngliche Energie des Kondensators aufgebraucht ist. Der Energieverlust läßt sich mit der Reibung eines Pendels vergleichen, das ausschwingt; in beiden Fällen resultiert eine gedämpfte Schwingung.

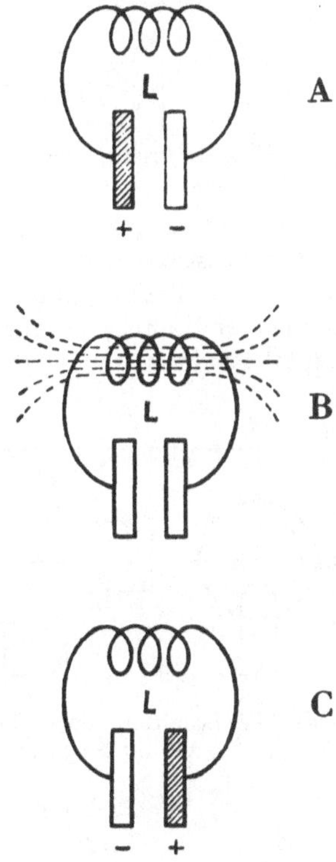

Abb. 34. Funktion eines Schwingkreises

Die Schwingungszahl, also die Frequenz innerhalb eines solchen gedämpften Wellenzuges, ist abhängig von der Größe des Kondensators und der Induktivität der Spule, d. h. aus dem Produkt von **C × L** ergibt sich die Schwingungszahl. Je kleiner das Produkt C × L ist, desto höher ist die Frequenz und umgekehrt. Hat die Spule nur wenige Windungen ohne besonderen Eisenkern und ist der Kondensator relativ klein, so lassen sich Frequenzen bis zu 50 000 000 Schwingungen pro Sekunde erreichen.

Um eine ungedämpfte Schwingung zu erhalten, muß eine Vorrichtung vorhanden sein, die die Dämpfung aufhebt, wie es die Feder beim Uhrpendel bewirkt. Diese Aufgabe übernimmt die Elektronenröhre, ein Hochvakuumrohr mit drei oder mehr Elektroden. Die Röhre wird mit Hochspannung (in Kurzwellenapparaten meist ca. 4000 Volt) betrieben. Die aus der Glühkathode austretenden Elektronen fliegen mit hoher Geschwindigkeit zur Anode und schließen den Stromkreis. Zwischen Anode und Kathode liegt das Steuergitter. Hat dieses eine gegenüber der Kathode negative Ladung, so können die aus der Glühkathode austretenden Elektronen nicht zur Anode gelangen. Sie werden vom negativen Gitter (gleichnamige Ladungen!) abgestoßen und umlagern die Glühkathode in dichter Wolke. Wird das Gitter positiv, so kann der Elektronenstrom wieder fließen (Ungleiche Ladungen!). Die Röhre wirkt so je nach der Ladung ihres Steuergitters wie ein geschlossener oder geöffneter Schalter, nur muß dieser Schalter im Rhythmus der hochfrequenten Schwingung des Schwingkreises arbeiten. Dieses wird durch eine Rückkopplungsschaltung (Abb. 36) erreicht.

Die Induktivität des Schwingkreises ist mit dem Gitter **G** der Röhre so verbunden, daß ein Teil der Hochfrequenzspannung immer dann in ihrer negativen Ladung das Gitter sperrt, wenn das Maximum des Stromes in der Spule **L** erreicht ist und sie

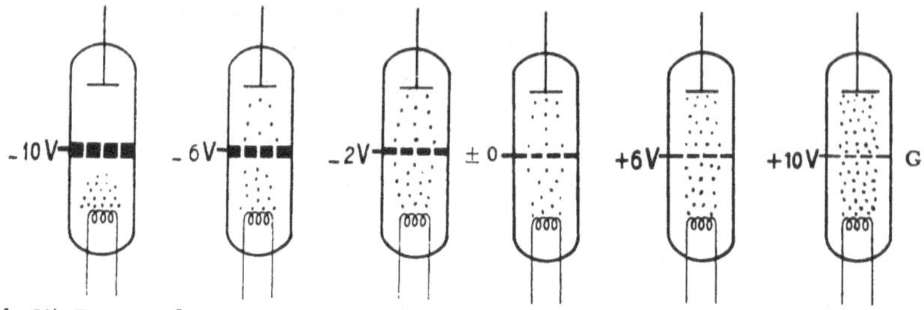

Abb. 35. Prinzip der Steuerung des Elektronenstroms durch ein Gitter in der Röhre

durch positive Aufladung das Gitter dann öffnet, wenn sich **C** durch den gegenläufigen Induktionsstrom in **L** wieder auflädt. **C** erhält also über die Röhre in diesem Augenblick jenen Ladungsanteil, der im Kondensator und in der Spule sowie in den verbindenden Leitungen durch die zwangsläufigen elektrischen Verluste verloren ging. Damit ist die Voraussetzung zur Erzeugung ungedämpfter Schwingungen geschaffen.

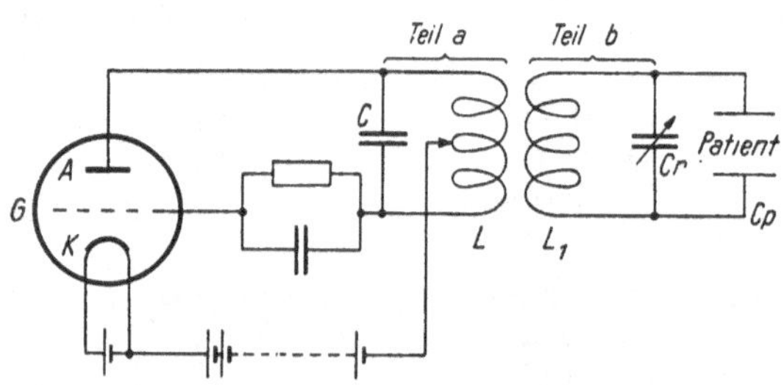

Abb. 36. Schaltung eines Röhrensenders. A: Anode, G: Steuergitter, K: Kathode

Die Lebensdauer einer Röhre beträgt heute 1000 bis 4000 Betriebsstunden.

Nach dem Hochfrequenzgesetz muß der Sender so abgeschirmt sein, daß er den Rundfunk, den Funkdienst des öffentlichen Verkehrs (Post, Polizei, Flugzeugpeilung) sowie das Fernsehen nicht stört*). Für therapeutische Zwecke sind nur drei Wellenlängen zugelassen:

22,124 m = 13,560 MHz mit ± 0,05% Abweichung,
11,062 m = 27,120 MHz mit ± 0,6 % Abweichung,
7,374 m = 40,680 MHz mit ± 0,7 % Abweichung.

Praktisch stehen heute Geräte mit 7,37 m und mit 11,06 m zu Behandlungszwecken zur Verfügung. Die 22-m-Welle hat therapeutisch geringere Bedeutung.

Um die hochfrequenten Schwingungen im Patienten wirksam werden zu lassen, muß die Energie des Sendekreises auf einen Resonanz- oder Patientenkreis übertragen werden (Abb. 36 Teil b) durch induktive oder auch kapazitive Kopplung. In der Spule $\mathbf{L_1}$ entsteht ein im gleichen Takt schwingender Induktionsstrom. Zu $\mathbf{L_1}$ parallel liegt der Kondensator **Cp**, der durch die Platten des Kondensatorfeldes und durch den Patienten als Dielektrikum (= die zwei Kondensatorplatten trennende Zwischenschicht) gebildet wird. Die Energie im Kreis b und damit auch im Patienten hat dann ihr Maximum, wenn b auf dieselbe Wellenlänge wie a abgestimmt ist. Dieses geschieht durch die veränderliche Kapazität $\mathbf{C_r}$ (Drehkondensator) und ist dann der Fall, wenn das Produkt Abstimmkondensator ($\mathbf{C_r}$ + Patientenkondensator $\mathbf{C_p}$)

*) Anmerkung: Die hochfrequente Schwingung setzt sich bei Öffnung des Kondensatorfeldes in elektromagnetische Strahlung um, in **Hertzsche Wellen.** Die Wellenlänge ergibt sich aus der Lichtgeschwindigkeit dividiert durch die Frequenz. Z. B. bei einer Frequenz von 10 000 000 ist die Wellenlänge $\frac{300\,000\,000}{10\,000\,000} = 30$ m.

mal L_1 gleich dem Produkt C × L ist. Dann liegt der Patientenkreis mit dem Sendekreis in Resonanz, vorausgesetzt, daß der Patient seine Lage nicht verändert, sonst muß von neuem abgestimmt werden.

Das hochfrequente Kondensatorfeld erzeugt im Dielektrikum, also im Patienten, einen Verschiebungsstrom, ohne daß eine leitende Verbindung zum Apparat zu bestehen braucht. Es werden auch schlechtleitende Schichten wie Fett und Knochen durchdrungen, während bei der früher gebräuchlichen Diathermie wesentlich niedere Frequenzen benutzt wurden, die sich noch weitgehend wie der niederfrequente elektrische Strom verhielten. Der Patient wurde direkt in den sekundären Schwingkreis eingeschaltet und der Strom bevorzugte als Leitweg, im Gegensatz zum Kurzwellenfeld, besonders gutleitende Körpersubstanzen wie Gefäße und blutreiche Gewebe und auch die Körperoberfläche. Diathermieströme haben eine Wellenlänge von ca. 300 m.

Einfluß der Wellenlänge in homogenem und geschichtetem Medium

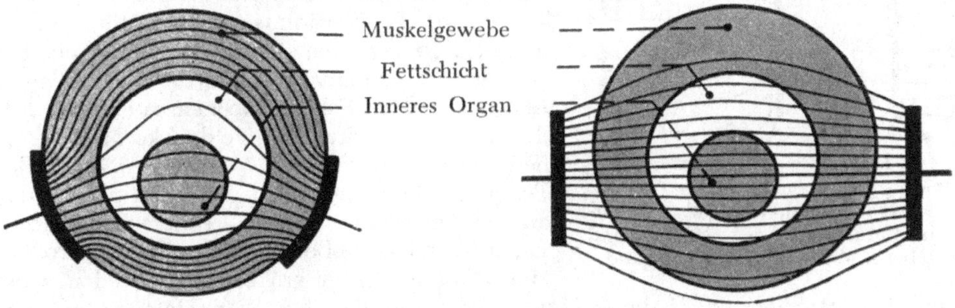

Diathermie. Der Strom folgt vornehmlich den Bahnen bester Leitfähigkeit und umgeht mehr oder weniger die schlecht leitenden Schichten

Kurzwellentherapie. Das Feld flutet sehr gleichmäßig zwischen den beiden Elektroden, die mit dem Körper meistens nicht leitend verbunden sind

Abb. 37. Schema der Energieverteilung im Diathermie- und im KW-Feld

Die **biologische Wirkung** des Hochfrequenzfeldes im Organismus besteht primär in einer Wärmeentwicklung, die darauf beruht, daß der frequenzgleiche Verschiebungsstrom Elektronen, Ionen und Moleküle im gleichen Rhythmus mitnimmt und diese erhöhte atomare und molekulare Bewegung bereits Wärme ist. Darüber hinaus hat die Kurzwelle noch selektive Wirkungen, so z. B. die Deformierung von Molekülen im Körper *(Schliephake)*, die Polarisation, die punktförmige Wärmeentstehung an Erythrozyten, eine perlschnurartige Aufreihung und Aneinanderlagerung von Erythrozyten usw. Doch können die selektiven Wirkungen nicht von der dominierenden Wärmewirkung im Organismus getrennt werden, die eine Funktionssteigerung jeder einzelnen betroffenen Zelle auslöst. Es ist eine aktive Hyperämie des durchfluteten Gewebes zu beobachten. Bei einer schwachen Dosierung läßt sich eine Erweiterung der arteriellen Kapillaren oft noch nach 24 bis 48 Stunden nachweisen. Gleichzeitig erfolgt eine vermehrte Blutzufuhr über die Arteriolen, da diese sich erweitern. (Überdosierung kann aber Spasmen in den Arterien hervorrufen!) Es ist ferner nachgewiesen worden, daß im Bereich des behandelten Körperteiles Leukozyten, deren phagozytäre Tätigkeit erhöht ist, aus der Blutbahn austreten. Die Wasserstoffionenkonzentration wird beeinflußt und unterstützt die Heilvorgänge. Es konnte nachgewiesen werden, daß der Flüssigkeitsaustausch zwischen Blut und Gewebe nach einer Kurzwellenbehandlung günstiger ist durch eine Permeabilitätssteigerung, die die Resorption von Exsudaten, Transsudaten und Eiteransammlungen beschleunigt. Im Gesamten werden die örtlichen wie allgemeinen Abwehrkräfte des Körpers angeregt und gesteigert.

Die Ausbreitung des elektrischen Kraftfeldes zwischen den Kondensatorplatten (Elektroden) ist durch den Feldlinienverlauf gekennzeichnet, der abhängig ist von der Elektrodenlage am Körper und ihrer Größe, aber auch von der unterschiedlichen Leitfähigkeit der Körpergewebe und von der Wellenlänge.

Die **Streuung** eines Kondensatorfeldes ist in der Luft groß, und zwar um so größer, je größer das Verhältnis des Abstandes der Platten zum Durchmesser der Platte ist. Bringt man in das Feld einen Körper, der einen bequemen Weg für die Feldlinien darstellt, so ziehen sie sich in diesen hinein; z. B. in den menschlichen Körper, der ca. 90mal felddurchlässiger ist als Luft. Die Dichte der Feldlinien ist das Maß für die örtliche **Feldstärke.** Da die Wärmeentwickung dem Quadrat der Feldstärke proportional ist, hängt also vom Feldlinienverlauf die örtliche Erwärmung im Patienten ab. Bei parallelem Verlauf der Feldlinien wird die Erwärmung gleichmäßig sein — das Feld ist homogen —, das trifft aber nur bei geringem Elektrodenabstand zu. Bei größerem Abstand wird das Feld inhomogen, es ergeben sich durch Ungleichheiten der Feldstärke örtlich größere Wärmeunterschiede. Das Verhältnis der Temperaturerhöhung in der Körpertiefe zu der an der Oberfläche ist die **relative Tiefendosis.** Diese ist um so größer, je größer der Elektroden-Haut-Abstand und je größer die Elektroden selbst sind. Im extremen Fall kann es soweit kommen, daß die Wärmebildung auf der Körperoberfläche nicht ausreicht, um einen sensiblen Wärmereiz hervorzurufen. Die Wärme in der Tiefe kann dann so groß werden, daß als Warnsignal ein dumpfer und nicht exakt lokalisierbarer Tiefenschmerz auftritt.

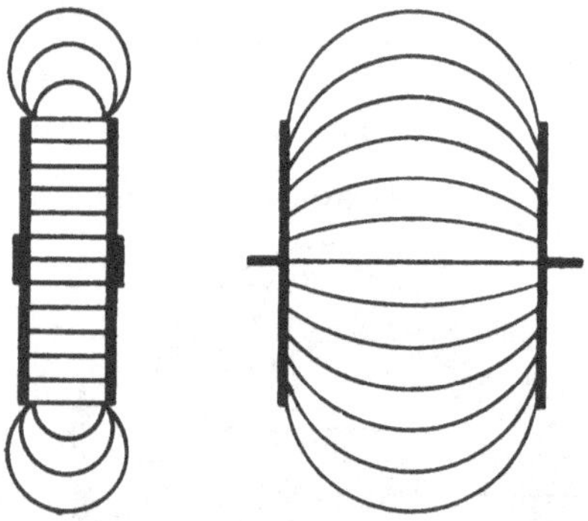

Abb.38. Feldlinienverlauf u. Streuung im KW-Feld bei geringem und bei großem Elektrodenabstand

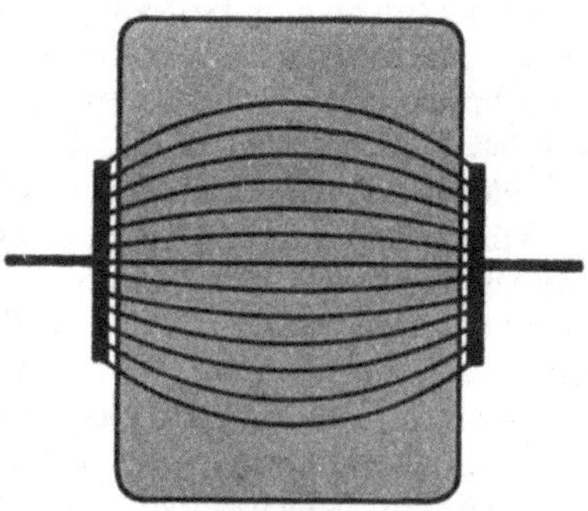

a) größte Erwärmung in der Nähe der Elektroden

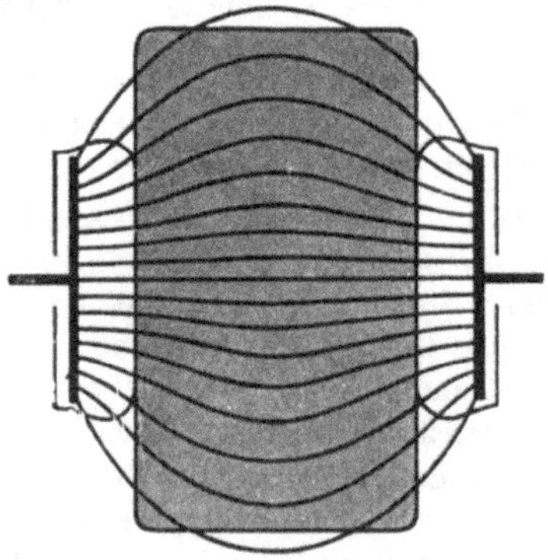

b) gleichmäßige Erwärmung durch Distanzierung der Elektroden

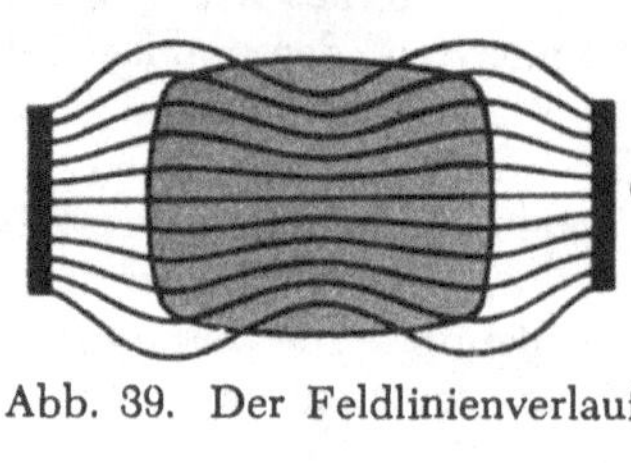

c) größte Erwärmung in der Tiefe durch großen Elektrodenabstand

Abb. 39. Der Feldlinienverlauf durch verschiedene Elektrodenabstände

Aus der Feldlinienstreuung und ihren Folgen ergeben sich die Grundregeln:

a) Die Elektroden sind stets so groß wie möglich zu wählen, aber nie größer als das Objekt!

b) Die Elektroden sollen nie dicht an die Haut gebracht werden (mit Ausnahme ganz besonderer Fälle), damit die elektrodennahen Zonen größter Felddichte sich außerhalb des Patienten befinden zur Verhütung von Oberflächenerhitzung — **Schliephakeeffekt.**

c) Je tiefer die Wärmewirkung erwünscht ist, desto weiter müssen die Elektroden von der Haut entfernt werden.

Die Erwärmung eines Mediums im Kondensatorfeld wird durch dessen Leitfähigkeit beeinflußt. Die Leitfähigkeit für das elektrische Feld wird durch die **Dielektrizitätskonstante** definiert. Man unterscheidet:

a) **das verlustfreie Dielektrikum,** das sich nicht oder praktisch nicht erwärmt. Verlustfrei ist das Vakuum, nahezu verlustfrei sind Gase, Luft und bestimmte Stoffe wie Glas, Quarz, Glimmer u. a. m., die daher als Hochfrequenz-Isolationsmaterial benutzt werden.

b) **Das Verlustdielektrikum** oder schlechte Dielektrikum erwärmt sich mehr oder minder stark, Energie geht verloren. Alle festen und flüssigen Substanzen des menschlichen Körpers sind Verlustdielektrika, es entsteht Wärme. Kleiderstoffe erwärmen sich im trockenen Zustand nur wenig, dagegen ergeben feuchte Stoffe starke Verluste, also auch **starke Erwärmung.** Deshalb ist bei beabsichtigter großer Tiefenwirkung stets o h n e Kleidung zu behandeln. Die bei den Gummielektroden benutzten Filzplatten zur Distanzierung haben gewisse Verluste, so daß man damit keine optimale Tiefenwirkung erzielen kann. Bei stärkerer Durchwärmung ist auf Schweißbildung zu achten, da sie als sehr verlustreiches Dielektrikum eine örtliche und oberflächliche Maximalerwärmung bewirken kann. Abhilfe durch Verminderung der Dosis!

Die Wellenlänge hat therapeutisch prinzipielle Bedeutung. In Abhängigkeit von der Wellenlänge verändert sich das Verhältnis der Wärmeentwicklung in den verschiedenen Dielektrika des Körpers. Durch Verkürzung der Wellenlänge werden die Unterschiede kleiner. Besonders die schlechtleitenden Knochen und Fettschichten werden nun schwächer erwärmt, da nicht mehr allein ihre dielektrische Leitfähigkeit maßgebend ist. Daher eignen sich die Wellenlängen unter 15 m therapeutisch besonders gut.

Bei noch weiterer Verkürzung der Wellenlänge wird die Erwärmung im Körper des Patienten praktisch homogen.

b) Elektroden

Es gibt für die verschiedenen Behandlungsarten im Kondensatorfeld verschiedene Elektroden. Wir unterscheiden:

Biegsame Gummielektroden in verschiedenen Größen. Sie bestehen aus einer biegsamen Metallfolie und sind mit Weichgummi isoliert. Sie werden durch gelochte Filzplatten von der Haut distanziert und mit einer Gummibinde fixiert.

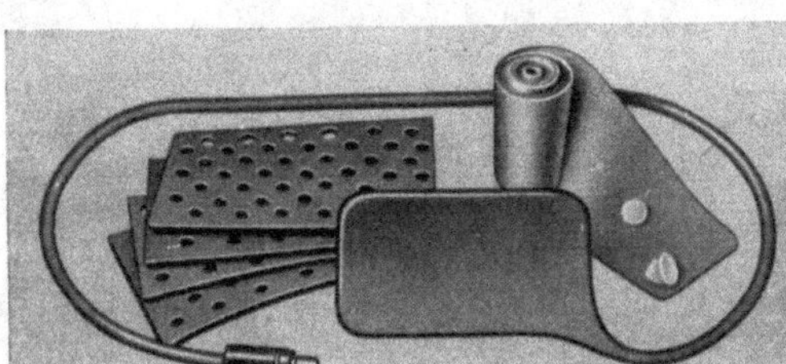

Abb. 40. Gummielektroden für die Kurzwellenbehandlung

Die **halbstarren Elektroden** aus biegsamem Leichtmetall haben den Vorteil, daß man ihnen eine der Körperform angepaßte Krümmung geben kann. Sie haben als Berührungsschutz einen Filzüberzug. Sie werden mit Halterungen an einem KW-Behandlungstisch verwendet.

Die **starren Glasschalenelektroden** nach *Schliephake* werden in Verbindung mit verstellbaren Haltearmen benutzt. Die Glasschalen gewährleisten den Elektroden-Haut-

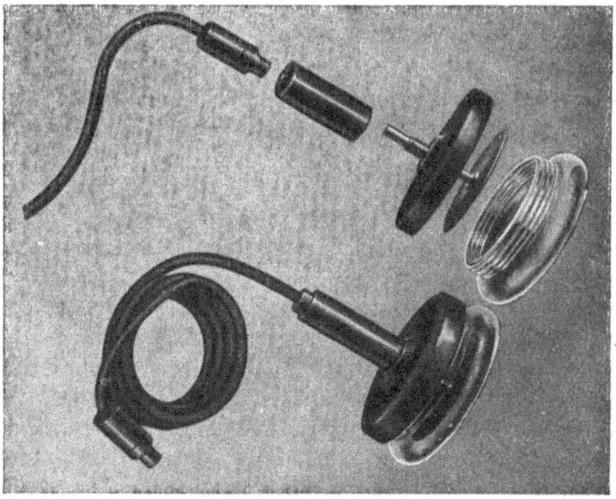

Abb. 41. Glasschalenelektroden nach *Schliephake*

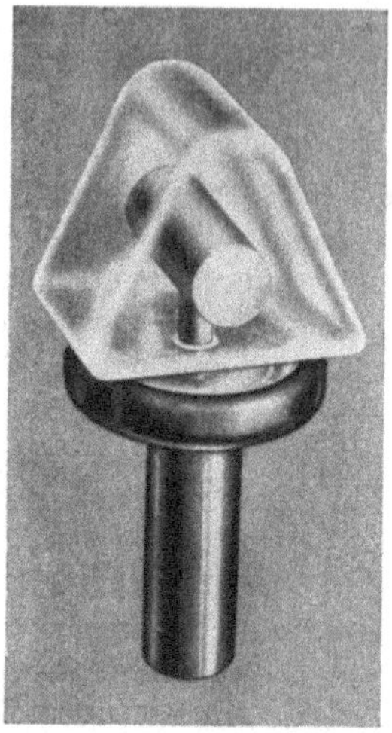

Abb. 42. Spezial-Achselhöhlenelektrode nach *Schliephake*

abstand und erlauben noch eine Abstandsregulierung innerhalb der Glasschale, wenn diese zur Einebnung des Körperreliefs fest auf die Haut aufgesetzt wird. Besondere Formen dieser Luftabstandselektroden dienen Spezialaufgaben, z. B. die keilförmige **Achselhöhlen-Elektrode nach** *Schliephake*.

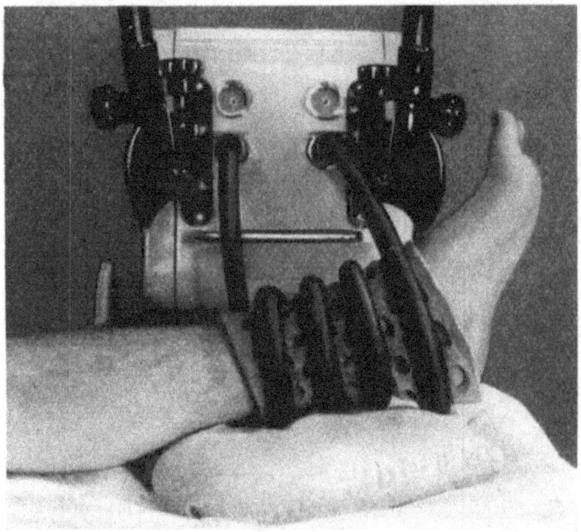

Abb. 43. Spulenfeldelektrode

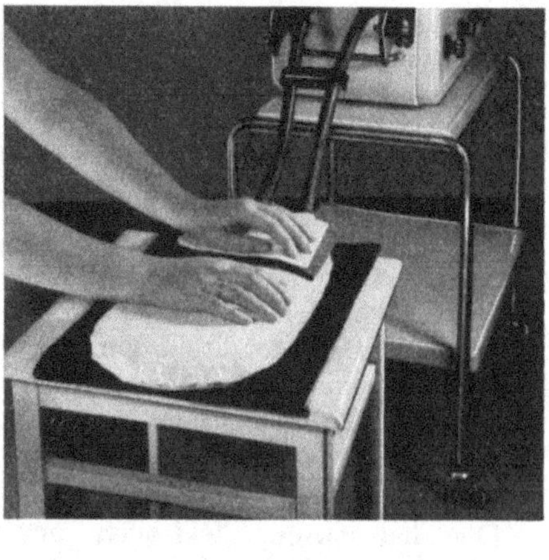

Abb. 44. Pfannkuchenelektrode-Flachspule

Die **Spulenfeldelektroden** bieten besondere Möglichkeiten der Behandlung. Die Elektrode ist ein ca. 2 m langes, dickes Gummikabel mit einem schlauchförmigen Leiter aus Metallgeflecht, dessen beide Enden an die Anschlußbuchsen des Gerätes angeschlossen werden. Das Kabel wird in mehreren Windungen, die sich nicht berühren sollen, um die Extremität oder den Körperstamm gewunden oder als Flachspule — **Pfannkuchenelektrode** — in eine Filztasche gesteckt und auf den Körper gelegt oder gebunden. Leitet man solch einer Spule Hochfrequenzstrom zu, so fließt er infolge des durch die Selbstinduktion bedingten hohen „induktiven Widerstandes" nur zum Teil als Leitungsstrom durch den Spulenleiter, zum Teil wählt er einen kürzeren Weg und „überspringt kapazitiv" die Windungszwischenräume als Verschiebungsstrom. Der Leitungsstrom erzeugt ein magnetisches Feld, der Verschiebungsstrom ein elektrisches Feld in Form eines verteilten Kondensatorfeldes, wobei jede Spulenwindung als ringförmige Kondensatorelektrode wirkt.

Das magnetische Spulenfeld induziert im Körpergewebe Wirbelströme, besonders in den gut leitenden Muskelgeweben und in den Gefäßbahnen, die sich dort wieder in Wärme umsetzen. Haut und Subkutanfettschicht erwärmen sich weniger als im Kondensatorfeld. Die Erwärmung im magnetischen Spulenfeld ist eine allgemeine Tiefenerwärmung, keine so umschrieben wirksame wie die des Kondensatorfeldes. Daher dient die magnetische Spulenfeld-Behandlung in der Hauptsache der Erwärmung größerer Körperabschnitte oder der Kurzwellen-Hyperthermie. (Fieberbett)

Die **Monode** ist eine Flachspule, die in ein Schutzgehäuse eingebaut ist, zur Behandlung im hochfrequenten Magnetfeld. Sie ist ein elektromagnetischer Richtstrahler von hoher Intensität, der die Hochfrequenzenergie auf den Körper abstrahlt. Da es sich auch um eine induktive Wirbelstromerwärmung handelt, erwärmen sich das Unterhautfettgewebe nur sehr wenig, aber die darunter liegenden Muskelschichten auffallend gut. Die Tiefenwirkung ist jedoch begrenzt. Die Wirkung dieser **Strahlenfeldmethode** ist der der Mikrowellentherapie sehr ähnlich, aber ohne die Gefahr von Komplikationen durch die Ausbildung von stehenden Wellen und Reflexionen an inneren Grenzflächen. Die Monode (Fa. Sanitas: Sanode) macht daher die Anschaffung eines besonderen Mikrowellengerätes entbehrlich. Die Strahlenfeldbehandlung ist eine reine Wärmebehandlung oberflächennaher Muskulatur, wo diese angezeigt ist, wie rheumatischer Prozesse, auch der Gelenke. Ferner lassen sich Kiefer- und Stirnhöhlenerkrankungen ohne Beeinflussung des Gehirns mit Erfolg behandeln.

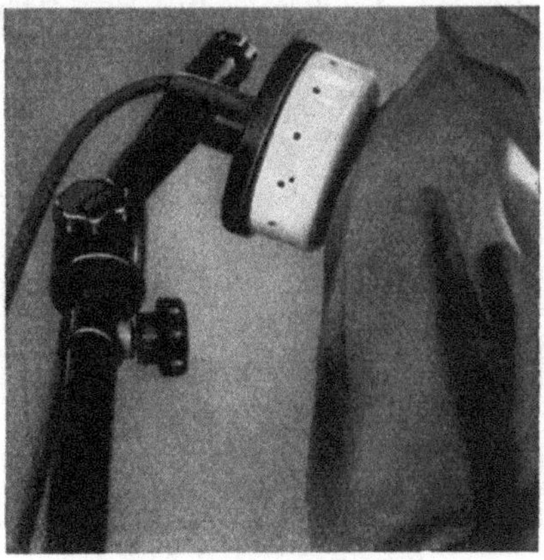

Abb. 45. Sanode (Sanitas)

Die **Auswahl der Elektroden** hängt von dem zu behandelnden Körperteil ab. Weiche Gummielektroden wird man bei Körperstammbehandlungen benutzen, während überall da, wo eine größere Distanzierung infolge von Unebenheiten des Körpers notwendig ist, sich starre Luftabstands-Elektroden besser eignen. Häufig wird man auch beide kombinieren. Für Durchflutungen am Kopf, sowie Furunkel-, Phlegmonen- und Wundbehandlungen können nur starre Elektroden verwendet werden. Zur Vermei-

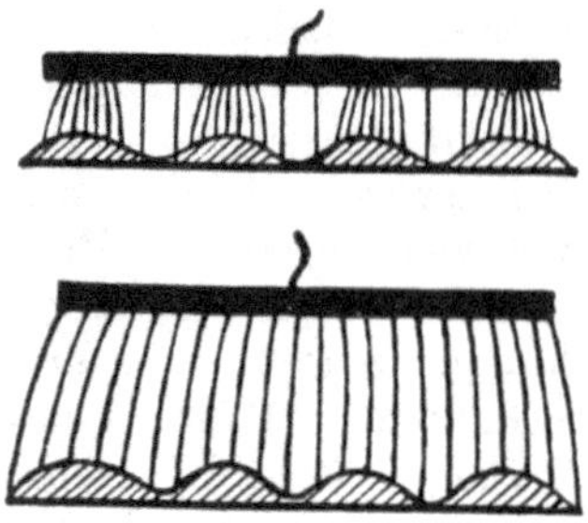

Abb. 46. Spitzenwirkung und ihre Vermeidung durch großen Elektrodenabstand

dung von Spitzenwirkungen — Überhitzung der elektrodennahen Hautstellen — muß bei allen Unebenheiten der Körperoberfläche auf einen großen Elektroden-Hautabstand besonders Wert gelegt werden.

Soll ein Körperteil bevorzugt erwärmt werden, so benutzt man entweder verschieden große Elektroden, eine kleine „aktive" und eine große „inaktive", oder man distanziert gleich große Elektroden verschieden weit von der Haut, wie Abb. 47 zeigt.

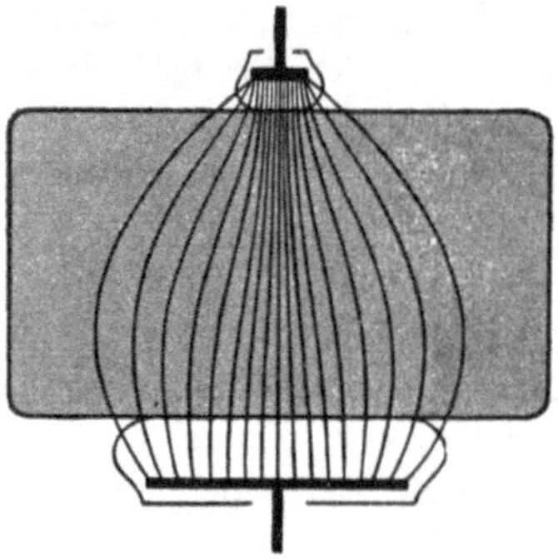

Abb. 47. Feldlinienverlauf bei Verwendung verschieden großer Elektroden

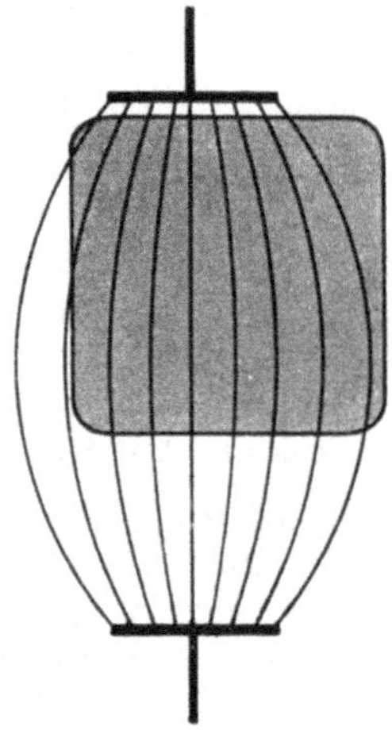

Abb. 48. Feldlinienverlauf bei verschiedener Distanzierung gleich großer Elektroden

Bei Längsdurchflutungen von Extremitäten ist auf genügend großen Elektroden-Hautabstand zu achten, da sonst durch eine Feldlinienverdichtung an den Engpässen, z. B. Hand- oder Fußgelenk, erhöhte Wärme auftritt.

Ein Schrägabstand der Elektrodenflächen zueinander ist im allgemeinen zu vermeiden, da infolge des unterschiedlichen Abstandes die Felddichte ungleichmäßig ist und die Erwärmung im Gebiet der größeren Annäherung zunimmt.

c) Ausführung

Da es eine absolute Messung der im Patienten erzeugten Wärme nicht gibt, ist man auf die Angaben des Patienten angewiesen. Er muß vorher darauf aufmerksam gemacht werden, daß nur ein angenehmes Wärmeempfinden erzeugt werden soll, und daß jede Wärmesteigerung wie Hitze, Brennen, Stechen, Schmerz sofort angegeben werden müssen, damit Schäden vermieden werden können. Der Patient darf während der Behandlung nicht

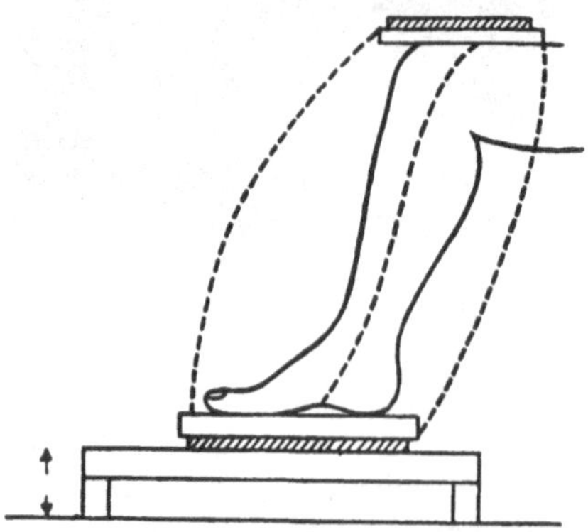

Abb. 49. Anordnung der Elektroden zur gleichmäßigen Längsdurchflutung des Unterschenkels

Abb. 50. Feldliniendichte bei Schrägabstand der Elektroden

unbeaufsichtigt bleiben! Bei gestörtem Wärmeempfinden des Patienten (durch Nervenverletzungen oder -erkrankungen) darf eine Behandlung nur mit Mindestdosen durchgeführt werden.

Die Distanzierung der Elektroden von der Haut macht oft eine völlige Entkleidung des Patienten nicht notwendig. Es muß dann aber unbedingt darauf geachtet werden, daß sich im Behandlungfeld keinerlei Metall befindet, das sich durch Feldverdichtung wesentlich stärker als seine Umgebung erwärmt und so zu Verbrennungen führen kann (z. B. Metallknöpfe, Schnallen, Nadeln, Tascheninhalt: Schlüssel! usw.). Zahnplomben erzeugen meist keine schädliche Erwärmung, jedoch empfiehlt es sich, die Elektroden so anzulegen, daß das Gebiß nicht direkt vom Feld durchflutet wird. Besonders zu beachten sind evtl. im Körper befindliche Metallteile wie Geschoßsplitter, Nagelungen, die unter Umständen eine Behandlung in dem betreffenden Gebiet unmöglich machen. Aus dem gleichen Grunde darf niemals eine Kurzwellenbehandlung nach einer röntgenologischen Magenuntersuchung mit Kontrastbrei vorgenommen werden, solange sich noch Bariumsulfat (hohe DEK!) im Körper befindet!

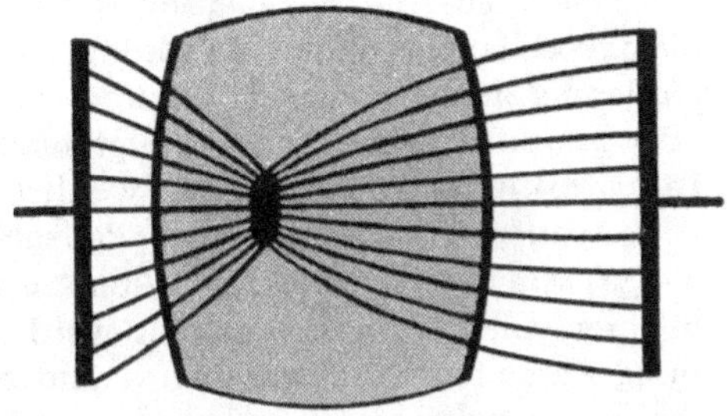

Abb. 51. Starke Erwärmung eines metallischen Fremdkörpers im KW-Feld durch Konzentrierung der Feldlinien

Um eine ungewollte Energieableitung und eine starke Erwärmung an unerwünschten Stellen zu vermeiden, muß darauf geachtet werden, daß die Elektrodenkabel weder sich gegenseitig noch den Patienten berühren. Man isoliert sie am besten durch Unterlegen von Filz oder Schwammgummi. Auch der Behandlungstisch oder -stuhl soll keine Metallteile enthalten, die Energieverluste hervorrufen und sich erwärmen könnten. Die Tischunterlage soll nicht aus „Halbleitern“ wie Wachstuch, Kunstleder, Leder oder feuchten Stoffen bestehen, da sie auch zu Energieverlusten führen können. Am besten erfolgt eine Behandlung auf Holzlagern, die bequem sind und eine Auflage von trockenen Decken, Laken oder Frottiertüchern haben.

Die **Dosierung** ist Sache des Arztes. Die Elektrodenlage bestimmt den wirksamen Feldverlauf und ist für die Dosisverteilung in der Tiefe, bzw. Oberfläche, bedeutsam. Eine direkte Dosisanzeige durch ein Meßgerät ist physikalisch nicht möglich, man muß sich daher bei örtlichen Durchflutungen nach dem Wärmegefühl des Patienten richten. Die kleinste, aber in bestimmten Fällen unbedingt voll wirksame Dosis, bleibt dicht unterhalb der Empfindungsgrenze. Die stärkste zulässige Dosis entspricht einem kräftigen Wärmegefühl, das aber nicht unangenehm empfunden werden darf. Bei Störungen des Temperatursinnes des Patienten muß evtl. das Gefühl an der eigenen Hand entscheiden, die auf den Patienten aufgelegt wird. Von grundlegender Bedeutung für die Dosierung ist die Art der Erkrankung und die individuelle Reaktionsweise des Patienten. Je akuter eine Erkrankung ist und je oberflächlicher der Erkrankungsherd liegt, um so geringer muß die Dosis sein. Manche Erkrankungen, besonders infektiöse Prozesse und akute Neuralgien, sind gegen Überdosierung besonders empfindlich. Es darf anfangs nur schwach dosiert werden. Chronische Prozesse am Skelettsystem erfordern stärkere Wärmewirkungen.

Die Behandlungszeit beträgt im allgemeinen 10—20 Minuten, in manchen Fällen, bei Herz- und Hirndurchflutungen, auch nur 2—5 Minuten. Langzeitige Schwachbehandlungen, 1—2mal täglich, können z. B. bei akuten Magenerkrankungen Besserungen erzielen, wenn die Elektroden auf eine Milzdurchflutung eingestellt werden, da die Milz eine regulierende Wirkung auf die Magenschleimhaut ausübt. *(Eckert)*

Eine wesentliche Dosierungshilfe ist die Einteilung von *Schliephake*, die vier Stufen unterscheidet:

Dosis I = keine spürbare Wärme. Man reguliert bis zur geringen Wärmeempfindung und geht dann etwas zurück

Dosis II = eben spürbare Wärme

Dosis III = angenehme Wärme

Dosis IV = noch erträgliche Erwärmung der Haut.

Niemals darf die Regulierung des Gerätes dem Patienten überlassen werden und niemals soll auch seiner Forderung nach mehr Wärme entsprochen werden, da die Dosierung immer vom Arzt bestimmt wird. Der Apparat muß mit Hilfe eines Glimm- oder Leuchtröhrchens auf sein Optimum, d. h. auf die von Fall zu Fall verschiedene Patientenkapazität, abgestimmt werden. Beim Einschalten ist zunächst nur bis zum beginnenden Wärmegefühl des Patienten einzuregulieren, da die Erwärmung noch einige Minuten selbständig weiter ansteigt. Erst dann darf die verordnete Dosis in ihrer vollen Größe eingestellt werden. Der Patient muß sich im Kondensatorfeld ruhig verhalten, da jede Lageveränderung eine Verstimmung des Patientenkreises ergibt. Trotzdem muß während der Behandlung die richtige Einstellung und Abstimmung wiederholt nachkontrolliert werden, da nur bei möglichst gleichmäßiger Leistungsabgabe an den Patienten die notwendige und verordnete Dosis auch verabreicht wird. Die neueste Entwicklung der Apparatetechnik hat zur Konstruktion eines Roboters geführt, der laufend und vollautomatisch das Optimum der Abstimmung kontrolliert und durch einen Motor die Nachregelung übernimmt, so daß die laufende Kontrolle fortfallen kann. **(Seromat zum Ultratherm 525** der Siemens-Reiniger-Werke.)

d) Fiebertherapie

Die moderne Heilkunde sieht das Fieber als eine die Heiltendenz des Körpers fördernde Reaktion an und wird heute künstlich hervorgerufen (von *Bier* **Heilfieber** genannt). Die **künstliche Hyperthermie** ist in Form von Bädern schon seit Jahrtausenden bekannt. Ägypter und Griechen, Chinesen wie Indianer kannten heiße Bäder als Heilmittel. Auch in Deutschland waren sie im Mittelalter durch die Römer bekannt. Nach großen Epidemien wurde später das Fieber als schädliches Krankheitssymptom angesehen und unterdrückt, bis zu Anfang unseres Jahrhunderts Frau *Schlenz* — eine Nichtärztin — durch Überwärmungsbäder bei Rheuma Heilerfolge erzielte und diese propagierte.

Künstliches Fieber wird auf verschiedene Weise hervorgerufen. Man unterscheidet
1. das **Heilfieber.**

a) **Die künstliche Infektion mit Malaria.** Sie ist 1918 von *Wagner-Jauregg* zur Behandlung der Paralyse eingeführt worden. Sie bedeutet aber eine zusätzliche schwere Infektion und Belastung des Körpers, da der Fieberanfall durch Chinin wieder gestoppt werden muß. Chinin ist ein Kreislauf- und Protoplasmagift, daher ist die Malariatherapie nur sehr begrenzt anwendbar.

b) **Die Pyrifertherapie** des Typhus wird mit spezifischen oder unspezifischen Vaccinen durchgeführt. Sie ist weniger eingreifend und besser zu steuern, weil jeder Fieberstoß eine neue Injektion erfordert. Allerdings ist der Fieberstoß selbst nicht abzustoppen.

2. Die **physikalische Hyperthermie.** Sie kann erreicht werden

a) **durch Überwärmungsbäder**

b) **durch trockene Wärme** mit Lichtbädern, Lichtkästen oder Lichtbügel, bei denen es aber zu einer starken Austrocknung des Körpers kommt, die zu Krampfbereitschaft durch den Kochsalzverlust führt. Der Wasserverlust wird im **Kettenringschen Hypertherm** vermieden, in dem die erhitzte Luft mit Wasserdampf gesättigt wird. Der Kopf des Patienten bleibt frei und muß besonders ventiliert werden!

In den beiden Fällen a) und b) wird die Wärme von außen an den Patienten herangebracht; die Temperaturerhöhung und die Zeitdauer der Erhöhung sind begrenzt.

c) **durch Kurzwellenhyperthermie** entsteht die Wärme im Patienten selbst, und es kann ohne Hautbelastung (Hautatmung!) eine höhere Temperatur erreicht werden. Ein wesentlicher Vorzug ist die exakte Dosierbarkeit der Wärme und der Fieberdauer. Außerdem bleibt der Patient von den toxischen Wirkungen der Malariainfektion oder des Pyrifer sowie von Herz- und Gefäßstörungen verschont, und bei Eintritt von Zwischenfällen kann die Behandlung sofort abgebrochen werden.

Wesentliche Träger der Heilwirkung des Fiebers sind die sich bei erhöhter Temperatur bildenden körpereigenen Abwehrstoffe. Durch die Kurzwellenhyperthermie erhöht sich auch die Permeabilität einzelner Zellgruppen, außerdem wird eine weitgehende Öffnung der Blut-Liquorschranke erzielt. Daher kann die Kurzwellenhyperthermie mit Metallsalzgaben kombiniert werden zur Intensivierung der Heilwirkung bei neuroluischen Erkrankungen. Neuerdings kombiniert man auch mit Penicillin.

Eine **Kurzwellenhyperthermie** kann sowohl im Kondensatorfeld als auch im Kurzwelleninduktionsfeld durchgeführt werden. Man benutzt KW-Geräte mit einer therapeutischen Leistung von 600 bis 1000 Watt entweder mit sehr großen Kondensator-Elektroden oder mit Spulenfeldelektroden. Die Kondensator-Elektroden müssen so groß wie möglich gewählt und genügend weit, etwa 10 cm, distanziert werden und so angeordnet sein, daß der Körperstamm möglichst gleichmäßig erwärmt wird.

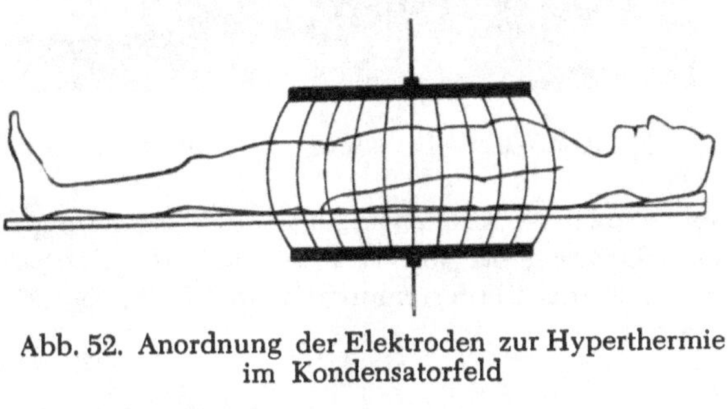

Abb. 52. Anordnung der Elektroden zur Hyperthermie im Kondensatorfeld

Die Spulenfeldelektrode wird in Form einer Schlinge um die Lendengegend oder als Flachspulenelektrode auf den Leib gelegt, wodurch wärmebildende Wirbelströme im Körper induziert werden. Muskeln und Blut erwärmen sich stark, während die Haut nur wenig belastet wird. Die thermischen Verhältnisse entsprechen hier denen einer Infektion mit Malaria, jedoch ohne alle gefährlichen Nebenerscheinungen und ohne die große Schwächung des Allgemeinzustandes. Die KW-Hyperthermie kann daher in bezug auf die Temperaturhöhe und die Zeitdauer beliebig variiert werden.

Die Zahl der Einzelbehandlungen ist nicht eng begrenzt. Es besteht sogar die Möglichkeit, eine KW-Hyperthermie ambulant durchzuführen.

Die Behandlungsdauer beträgt 5—8 Stunden unter ständiger Beobachtung und Kontrolle. Der Patient wird wärmeisoliert und bequem gelagert und in etwa 60 Minuten auf die gewünschte Temperatur, z. B. 39,5° C, aufgeheizt. Dann wird der Strom abgeschaltet, weil die Temperatur selbständig noch weiter um etwa 0,5° C ansteigt. Nach ungefähr 2 Stunden ist die Temperatur abgesunken auf 38,5° C. Dann wird erneut Strom gegeben, 10—20 Minuten, bis 39,5° C wieder erreicht sind. Nach weiteren 2 Std. kann noch einmal für kurze Zeit der Strom eingeschaltet werden. Dann läßt man die Temperatur des Patienten wieder bis zur Norm absinken. Diese Angaben sind ein Beispiel einer Fieberbehandlung mit Kurzwellen. Bei jedem Patienten wird der Arzt Temperaturhöhe und Fieberdauer individuell bestimmen.

Besonders günstig ist die Durchführung einer KW-Hyperthermie in einer Fieberkabine. Der **Pyrostat 601** (Siemens-Reiniger-Werke) s. Abb. 53 ist eine fahrbare Kammer mit einer Heizung für die Kammerluft, die sich selbsttätig reguliert und eine konstante Kammertemperatur von ca. 52° C garantiert. Der Patient kann auf das bequeme und ausfahrbare Lager gut gebettet werden und hat in der Kabine freie Beweglichkeit. Eine Abkühlung durch Transpiration wird durch die geheizte Kammerluft verhindert. Der Kopf des Patienten bleibt, gut abgedichtet, außerhalb der Kammer. Es ist eine Eingriffsöffnung vorhanden, die während der Behandlung Messungen von Temperatur, Puls, Blutdruck sowie auch Injektionen erlaubt. In Verbindung mit dem KW-Gerät **Ultratherm,** das eine Leistung bis 400 Watt hat und der Spezial-Spulenfeldelektrode, kann mit dem Pyrostat die Körpertemperatur in 45 bis 60 Minuten bis auf ca. 41° C gesteigert werden.

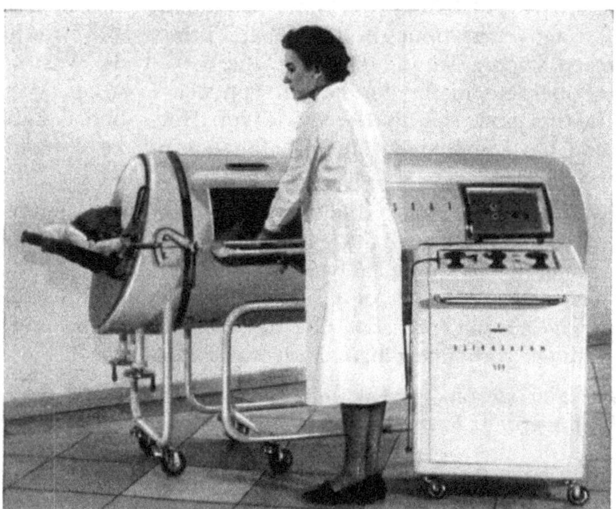

Abb. 53. Fieberkabine „Pyrostat“/Siemens

e) Mikrowellentherapie

Mit abnehmender Wellenlänge des Kondensatorfeldes wird die Erwärmung in einem geschichteten Medium, wie es der menschliche Körper darstellt, homogener, so daß die Ultrakurzwellen von 1—3 Metern eigentlich für die Fiebertherapie die optimalen wären und bis zur Festsetzung der therapeutischen Wellenlängen auch benutzt worden sind. Bei Verwendung noch kürzerer Wellenlängen, den sogenannten **Mikrowellen** (Wellenlänge etwa 12 cm), wird das Gewebe ähnlich wie im Kondensatorfeld erwärmt. Die Verteilung der Wärme im Gewebe ist jedoch nicht einheitlich. Das Unterhautfettgewebe nimmt praktisch keine Wärme auf, dafür ist die Temperatur in den darunterliegenden Geweben, Muskeln und Knochen, erheblich höher als bei einer Kondensatorfelddurchflutung. Der besondere Vorteil der Mikrowellentherapie liegt darin, daß ohne Belastung der Haut und des Fettgewebes eine intensive Tiefenwirkung erzielt werden kann.

Die Mikrowellen werden von einem Dipol abgestrahlt, und diese Strahlung kann ähnlich wie optische Strahlen mit einem Parabolspiegel gebündelt werden. Die Energie wird in das Gewebe eingestrahlt und absorbiert. Die Wärme nimmt in homogenen Gewebsschichten nach einem Exponentialgesetz von außen nach innen ab, aber die Wärmeverteilung wird beeinflußt durch die Reflexion der Mikrowellen an den Grenzschichten zwischen verschiedenen Geweben. Die reflektierte und die eingestrahlte Energie interferieren miteinander und erzeugen örtliche Temperaturspitzen. Bei der Einstrahlung ist daher mit einer gewissen Vorsicht zu arbeiten. Die eingestrahlte Energie soll 100 Watt nicht überschreiten. Eine allzuscharfe Bündelung, besonders in der Nähe temperaturempfindlicher Gewebe, soll vermieden werden.

Besonders günstig sprechen nach amerikanischen und englischen Erfahrungen die oberflächennahen Erkrankungen wie Rheuma, Arthritiden und Neuritiden an. Es sind Erkrankungen, die auch auf Kurzwellentherapie ansprechen, jedoch mit der Einschränkung, daß die Wirkung der Mikrowellen in größerer Tiefe weniger ausgeprägt ist als die der Meterwellen. Abgeraten wird von Bestrahlungen des Auges, des Gehirns, bzw. überhaupt aller wenig durchbluteten Organe.

Die Mikrowellen werden mit Hilfe einer Magnetonröhre erzeugt. Durch die Röhre hindurch läuft ein Glühfaden, die Kathode, der von einem Zylinder aus Blech, der Anode, umgeben ist. Die ganze Röhre befindet sich in einem sehr starken Magnetfeld, dessen Kraftlinien parallel zur Glühkathode durch die Röhre hindurchgehen. Bei Einhaltung bestimmter Bedingungen für die Anodenspannung und die Feldstärke des Magneten erzeugt eine solche Röhre sehr kurze Wellen bis zu wenigen Zentimetern. Vom Anodenanschluß wird die Energie abgenommen und über ein Spezialkabel zu einem sogenannten Dipol geführt. Der Dipol ist eine Antenne, die speziell für die Abstrahlung dieser kurzen Wellen geeignet ist.

Die Firma Sanitas Berlin hat ein Gerät entwickelt, **Mivella,** bei dem die Abstrahlung durch einen parabolischen Metallspiegel gebündelt wird. Dieser ist nach der Abstrahlseite hin durch eine mattierte Plexiglasscheibe abgeschlossen, die die Strahlung praktisch ungeschwächt hindurchläßt.

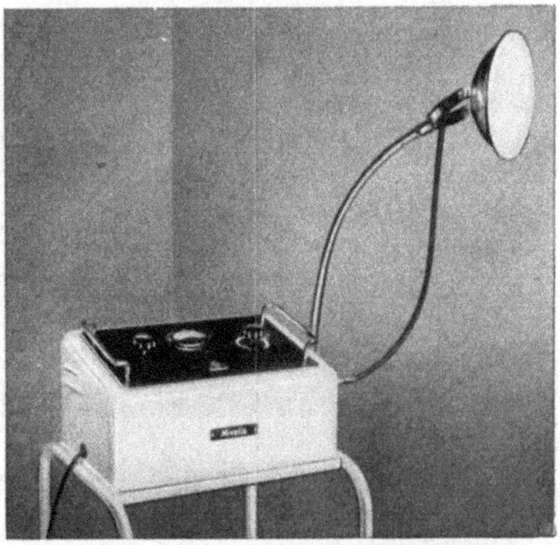

Abb. 54. Mivella, Fa. Sanitas

Die Applikation des Strahlenfeldes ist in der Praxis sehr einfach, indem der Strahler nur an das Behandlungsgebiet herangebracht zu werden braucht. Die Rückwirkung des Patienten auf das Gerät ist außerordentlich klein, so daß eine Verstimmung durch eine Bewegung des

Patienten wie im Kondensatorfeld nicht eintritt. Eine Behandlung mit zwei Elektroden ist im Gebiet der Mikrowellen nicht möglich, da bei der Größe der Kapazität der Kondensatorelektroden das Mikrowellenfeld zusammenbrechen würde.

f) Elektrochirurgie

Alle chirurgischen Methoden, die mit Hilfe hochfrequenten elektrischen Stromes ausgeführt werden, bezeichnet man als **Elektrochirurgie.** Elektrochirurgische Operationen werden hauptsächlich an der Haut, in blutreichen Gebieten wie am Schädel, an der Lunge, vorgenommen. Excisionen und Resektionen sind besonders gut elektrochirurgisch auszuführen. Man unterscheidet dabei verschiedene Techniken:

1. Die **Elektrotomie** oder den elektrischen Schnitt. Das Gewebe wird mit hochfrequenten Funken glatt und scharf durchschnitten. Je höher die Frequenz und je rascher die Schnittführung ist, um so weniger tritt Koagulation ein.

2. Die **Koagulation.** Durch die Hitzewirkung wird die Wundfläche sofort ausgetrocknet und sterilisiert, so daß die Gefahr einer Keimverschleppung wesentlich herabgesetzt ist. Je nach der Technik kann man oberflächliche Verschorfung bis zu einer Gerinnung in tieferen Gewebsschichten erzielen. Eine Blutung, auch größerer Gefäße, kann sofort durch eine Koagulation gestillt werden, so daß das Operationsgebiet übersichtlich bleibt und der Blutverlust des Patienten auf ein Minimum herabgesetzt wird.

3. Die **Karbonisation** bedeutet eine Verkohlung des Gewebes, die durch Überdosierung entstehen kann. Sie wird aber auch benutzt z. B. zur Entfernung von Warzen. Auch zur schnellen oberflächlichen Verschorfung ohne tiefgehende Koagulation wird sie angewendet.

4. Die **Elektrokorie** ist die hauchdünne Koagulation der Oberfläche und wird mit einem dünnen Metallspatel ausgeführt.

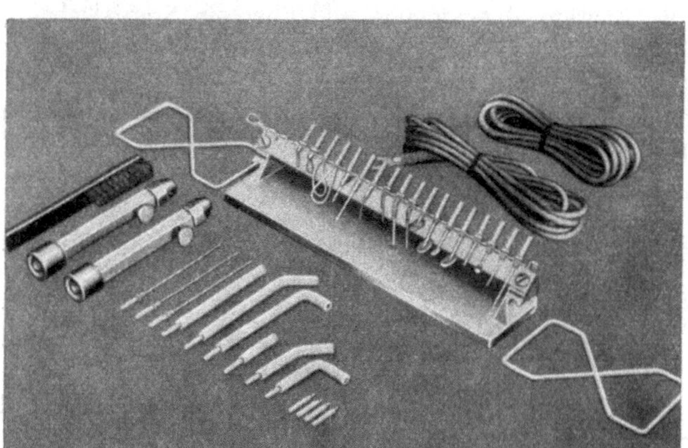

Abb. 55. Elektrochirurgisches Besteck

Physikalisch - technisch handelt es sich um das Prinzip der aktiven und inaktiven Elektrode, das in der Kurzwellentherapie zur bevorzugten Erwärmung benutzt wird und hier zum Extrem gesteigert ist. Die aktiven Elektroden sind Metallelektroden verschiedener Art und Größe, z. B. skalpellartige Elektroden und Nadelelektroden, Draht- und Bandschlingen, kugel- und plattenförmige Koagulationselektroden und viele weitere Formen, je nach dem Verwendungszweck.

Die Elektrochirurgie wird sowohl bei großen Operationen in der Klinik, als auch in besonderem Maße bei der kleinen Chirurgie in der Sprechstunde angewendet.

Man kann dazu praktisch jeden Kurzwellenapparat benutzen, zu dem ein kleines chirurgisches Besteck geliefert werden kann. Für ständigen Gebrauch sind jedoch Spezialgeräte geeigneter, die mittels eines Fußschalters vom Operateur selbst eingeschaltet werden können. Das **Radiotom** (Siemens) ist ein moderner Röhrenapparat, der konstante Leistungsstufen besitzt, die dem Bedarf der verschiedenen Elektroden angepaßt sind. Bis zu 4 Elektroden können gleichzeitig angeschlossen werden, so daß ein schnelles und einwandfreies Arbeiten gesichert ist. Das Radiotom wird auch kombiniert mit Endoskop und Kaustik für den Bedarf in der Praxis hergestellt.

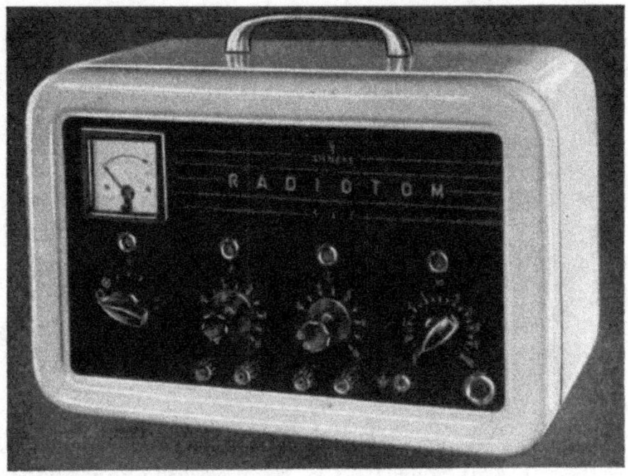

Abb. 56. Radiotom (Siemens)

Als inaktive Elektroden hat man Kondensator-Sitzelektroden benutzt. Heute arbeitet man mit neuen inaktiven Elektroden, die an den Oberschenkel oder an den Oberarm bandagiert werden. Stets ist aber unbedingt zu vermeiden, daß sich in der Nähe des Operationsgebietes leicht brennbare Stoffe, wie Benzin, Äther oder auch Nitrofilme etc. befinden. (Explosionsgefahr!)

X. Die Akustik in der Therapie

a) Physikalische Grundlagen

Die Akustik ist die Lehre vom Schall. Sie ist die Welt der Töne. Ein Ton entsteht durch Schwingungen elastischer Körper (Saiten, Stimmgabel, Stimmbänder). Die Schwingungen pflanzen sich durch elastische Stöße von Molekül zu Molekül fort. Sie sind Materieschwingungen, in der Fortbewegungsrichtung **longitudinale Wellen.** Die Fortpflanzungsgeschwindigkeit oder Schallgeschwindigkeit hängt vom Medium ab, das den Schall leitet. Sie beträgt z. B. in der Luft ca. 330 m/sec, im Wasser ca. 1435 m/sec, ist aber stets für alle Wellenlängen gleich. Im Vakuum können Materiewellen sich nicht fortpflanzen.

Akustische Einheiten

λ = Wellenlänge (in cm). Entfernung zweier entsprechender Punkte einer Welle, die sich im gleichen Schwingungszustand befinden.
Die Wellenlänge ist bei gleicher Frequenz für jeden Stoff eine andere.

ν = Frequenz (in Hz). Zahl der Schwingungen je Sekunde.
1 Hertz = 1 Hz = 1 Schwingung je Sekunde.

v = Schallgeschwindigkeit (in m/sec). Geschwindigkeit, mit der sich die Schallschwingung in einem Medium fortpflanzt.
Es besteht der Zusammenhang $v = \lambda \cdot \nu$.

a = Amplitude oder Schwingungsweite (in cm). Die größte Verrückung eines schwingenden Teilchens.

u = Schallschnelle (in cm/sec). Die Wechselgeschwindigkeit des schwingenden Teilchens.
Der Scheitelwert der Schallschnelle ist bei sinusförmigem Schall $u_s = a \cdot 2\pi \cdot \nu$.

w = Schallwiderstand (akustisches Ohm).
$w = \rho \cdot v$ = Dichte · Schallgeschwindigkeit.

p = Schalldruck (in dyn/cm²). Der durch die Schallschwingung erzeugte Schallwechseldruck auf die Flächeneinheit.
Der Scheitelwert des Schallwechseldruckes ist $ps = us \cdot w$.

J = Schallintensität oder Schallstärke (in Watt/cm²). Energie, die je Sekunde durch die Fläche von 1 cm² strömt.

$$J = \frac{p \cdot u}{2} = \frac{p^2}{2w}$$

L = Schalleistung (in Watt). Energie, die je Sekunde ausgestrahlt wird.

$$L = J \cdot F \text{ (F = Querschnitt des Schallstrahles)}$$

$$L = \frac{p^2}{2w} \cdot F$$

S = Schallstrahlungsgleichdruck (in dyn/cm²).
Bei einem total reflektierenden Hindernis ist

$$S = 2 \frac{J}{v} \cdot \cos^2 \eta$$

(η = Winkel zwischen Wellenvektor und Reflektornormale. Die Beziehung gilt nur für η ungleich 0, d. h. bei Verhinderung stehender Wellen.)

Die Tonhöhe wird durch die Frequenz bestimmt. Die Wahrnehmungsfähigkeit, d. h. der Hörbereich des menschlichen Ohres, ist nach oben begrenzt und liegt im Mittel etwa zwischen 16 000 Hz und 17 000 Hz. Höhere Frequenzen können als Töne nicht mehr wahrgenommen werden. Sie rufen aber in festen Körpern eine Reihe von Erscheinungen hervor, die in der Technik eine bedeutende Rolle spielen. Schallwellen mit höheren Frequenzen als 17 kHz werden als **Ultraschallwellen** bezeichnet. Die Erforschung der Schallempfangsorgane bei Mensch und Tier beschäftigt die Physiologie. Eine Schallwelle kann wahrgenommen werden durch den Schalldruck auf das Empfangsorgan, Druckempfänger, oder durch die Bewegung (Beschleunigung) der schwingungsfähigen Organe, Bewegungsempfänger. Druck und Beschleunigung wachsen mit höheren Frequenzen und beeinflussen dann auch andere Organe und Gewebe.

Biologie und Medizin interessieren die Beeinflussung lebender Organismen durch die Ultraschallwellen. Zunächst wurden zerstörende Wirkungen beobachtet wie die Tötung kleiner Fische bei Schallversuchen unter Wasser, ferner die Zerstörung von Erythrozyten in physiol. Kochsalzlösung. Diese Beobachtungen führten zu eingehenden Untersuchungen über die biologischen Wirkungen des Ultraschalls.

1928 wurde der erste Versuch gemacht, Ultraschall therapeutisch am Menschen zu verwenden, ohne aber weiter verfolgt zu werden. Erst 1939 erschien eine Arbeit von *Pohlmann* über die Behandlung von Ischias und Plexusneuralgien mit Ultraschall. Allgemeine Aufnahme in die Therapie fand der Ultraschall in Deutschland erst nach dem 2. Weltkriege, als die Industrie die notwendigen Geräte entwickeln und zur Verfügung stellen konnte.

Ultraschall wird durch Umwandlung aus anderen Energieformen erzeugt. Für medizinische Zwecke werden elektromechanische Wandler benutzt, die nach dem magnetostriktiven Prinzip oder nach dem piezoelektrischen Prinzip arbeiten.

Der **magnetostriktive Effekt** wurde 1847 von *Joule* entdeckt, der beobachtete, daß ferromagnetische Stoffe (Eisen, Nickel) in einem Magnetfeld mechanische Veränderungen zeigen; je nach der Richtung der Kraftlinien dehnen sie sich aus oder ziehen sich zusammen. Man benutzt heute Stahl- oder Nickelstäbe, die sich in einem elektromagnetischen Wechselfeld im Rhythmus der Polaritätsänderungen ausdehnen und wieder zusammenziehen und dabei an ihren Enden US-Wellen in das angrenzende Medium abstrahlen. Magnetostriktiv lassen sich US-Frequenzen bis ca. 250 kHz erzeugen. Die Erzeugung höherer Frequenzen beruht auf dem **piezoelektrischen Effekt,** der 1880 von *P. Curie* entdeckt wurde. Er besteht darin, daß an den Flächen bestimmter Kristalle elektrische Ladungen auftreten, wenn auf sie ein mechanischer Druck oder Zug ausgeübt wird. Unter Ausnutzung des umgekehrten Effektes werden Ultraschallwellen erzeugt. Dazu geeignete Kristalle sind Quarz, Turmalin, Seignettesalz u. a. Hauptsächlich wird Quarz für Therapiegeräte verwendet. Der hexagonale Quarz hat drei elektrisch-polare Achsen, die senkrecht zur optischen Längsachse verlaufen. Schneidet man senkrecht zu einer elektrischen Achse eine planparallele Scheibe heraus, versieht ihre Flächen mit Metallbelegungen und legt an diese ein elektrisches Wechselfeld, so schwingt der Quarz, d. h. er ändert seine Dicke im Rhythmus des Feldes. Um eine maximale Amplitude der Dickenschwingung zu erhalten, ist eine Übereinstimmung (Resonanz) der mechanischen Eigenfrequenz der Platte mit der Schwingungszahl des elektrischen Wechselfeldes erforderlich. Für 800 kHz z. B. muß die Quarzplatte eine Dicke von etwa 3,6 mm haben, um optimale Leistung abzustrahlen. Die Abstimmung wird bei modernen US-Therapiegeräten bereits vom Lieferwerk fest eingestellt und braucht nicht mehr berücksichtigt zu werden.

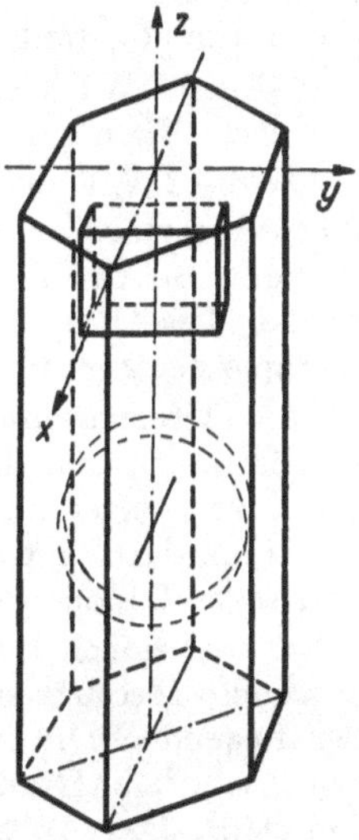

Abb. 57. Schema eines Quarzkristalls

Die Schallwellen treten aus dem Schallkopf fast senkrecht aus und haben nur eine geringe Divergenz. Jedoch ist das Schallfeld nicht homogen. Nach dem *Huyghens-Fresnel*schen Prinzip muß jeder Punkt der strahlenden Fläche, wie auch jeder Punkt des Schallfeldes selbst, als Quelle einer Kugelwelle angesehen werden. Die Energie an einem beliebigen Punkt des Feldes ergibt sich als Summe der dort ankommenden Energie-Teilbeträge, die sich also bei entgegengesetzter Phase (Verdichtung + Verdünnung) auch auslöschen können. So entsteht ein **Interferenzfeld** mit zahlreichen Intensitätsmaxima (Schallkernen) und Minima, das dicht vor dem Schwinger besonders stark ausgeprägt ist. Dieses **Nahfeld** ist ziemlich homogen, hat etwa eine Ausdehnung von 10 cm bei üblicher Flächengröße. In größerer Entfernung, dem **Fernfeld,** entsteht ein zentrales Maximum mit Höchstwerten, die über den am Quarz gemessenen liegen. Die Verteilung der Schallkerne im Strahlungsfeld hängt vom Durchmesser des Quarzes und von der Frequenz ab.

Ultraschallwellen werden beim Übergang von einem Medium zum anderen r e f l e k t i e r t, und zwar um so mehr, je größer der Unterschied der beiden Schallwiderstände ist. Zwischen Luft und Quarz- bzw. Metallplatte ist er so groß, daß die Reflexion fast 100% beträgt, also praktisch keine US-Energie in die Luft eintreten kann. Deshalb wird stets eine Koppelsubstanz zwischen Schallkopf und Körper benötigt, die so beschaffen sein muß, daß die an den anzukoppelnden Flächen und in den Hautporen haftenden Luftteilchen verdrängt werden (Öl, Vaseline). An unebenen Grenzflächen wird ein

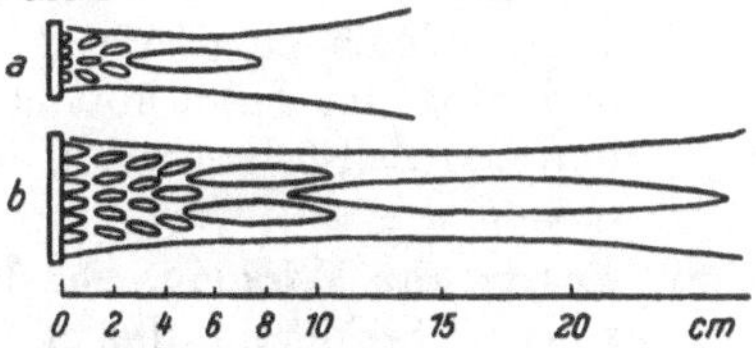

Abb. 58.
Schallkerne im Strahlungsfeld
a) Nahfeld
b) Fernfeld

Teil der US-Energie diffus reflektiert. Im Körper treffen die US-Wellen auf vielerlei Grenzflächen zwischen den Geweben, z. B. zwischen Fett-, Muskel-, Nerven- und Knochengeweben = **Grenzschichteffekt.** Besonders an den Grenzen zwischen Muskel- und Knochengewebe treten infolge der Reflexion erhebliche Energiespitzen auf, **Periostschmerz.**

Die eingeschallte US-Energie verringert sich durch **Absorption,** verursacht durch Streuung (diffuse Reflexion) und durch mechanische Reibung der schwingenden Teilchen. Über die Reibung setzt sich die Schallenergie in Wärme um. Die Intensitätsabnahme ist abhängig vom Absorptions-Koeffizienten des betreffenden Mediums, dessen Größe selbst wieder mit der Frequenz wächst. Die Absorption wird gekennzeichnet durch die Halbwertstiefe, **HWT,** das ist die Tiefe, in der die Intensität auf die Hälfte abgesunken ist.

(Eine HWT von 3 cm bedeutet, daß die Intensität in 6 cm Tiefe auf $^1/_4$, und in 9 cm Tiefe auf $^1/_8$ abgesunken ist.)

Da die HWT mit steigender Frequenz abnimmt, ergibt sich, daß für eine Oberflächentherapie höhere Frequenzen benötigt werden als zur Erzielung von Tiefenwirkung. Bei der üblichen Frequenz von 800 kHz liegt die HWT zwischen 2 und 6 cm, so daß diese Frequenz als Kompromiß sowohl für Tiefen- wie auch für Oberflächentherapie geeignet ist.

Die Tiefenwirkung wird durch Streuung und Reflexion an Sehnen, Bindegewebsschwielen, Fascien, Knorpel, Knochen usw. stark vermindert und läßt sich nicht durch beliebige Steigerung der Schallintensität ausgleichen. Zu große Intensitäten können durch die dabei auftretenden starken Zugspannungen Zerreißungen des Zellverbandes und sogar Läsionen der Zell- und Kernmembran zur Folge haben.

Bei sehr hohen Intensitäten muß mit **Kavitation** gerechnet werden. Dann wird das beschallte Medium in der Zugphase zerrissen und bildet einen Hohlraum, in den es in der folgenden Druckphase wieder mit großer Wucht zusammenschlägt, wobei kurzzeitig sehr hohe Druckspitzen (bis zu 10 atü) entstehen und entsprechend große Wärme frei wird. Das Auftreten der Kavitation (Hohlraumbildung) wird begünstigt durch Grenzflächen und Gase im Gefüge. Hierin liegt die Gefahr einer Schädigung durch Überdosierung. Die Gefahr einer schweren Schädigung ist aber insofern gering, als schon eine leichte Überdosierung vom Patienten als Schmerz empfunden wird, und durch Begrenzung der maximalen Leistung der Geräte vorgebeugt wird.

b) Biologische Ultraschallwirkungen

Die Frage nach dem biologischen Wirkungsmechanismus des Ultraschalls ist noch nicht endgültig geklärt, jedoch lassen sich in der Hauptsache drei Wirkungskomponenten unterscheiden:

1. **Mechanische Wirkung.** Sie stellt die primäre Grundlage der Ultraschallwirkung dar. Die Amplitude der Teilchenschwingung entspricht etwa $^1/_{10}$ bis $^1/_{100}$ der Lichtwellenlänge. Dadurch kommt es zu mannigfachen Effekten, wie Veränderung der Permeabilität der Zellmembran, Steigerung des Gasaustausches und des Zellstoffwechsels, Aktivierung oder Vernichtung von Fermenten, Hormonen u. a. m.
2. **Thermische Wirkung.** Sie beruht auf der im Gewebe absorbierten (mechanischen) US-Energie, die in Wärme umgewandelt wird. Die lokale Erwärmung beträgt in 1 bis 2 cm Gewebstiefe bis zu mehreren Grad C. Die Wärmeverteilung ist beim Ultraschall ganz spezifisch und zeigt sich besonders in einer verstärkten Erwärmung der Grenzschichten. Darüber hinaus erwärmen sich auch einzelne Gewebe verschieden stark, z. B. das Nervengewebe fast doppelt

so stark wie die Muskulatur, worauf die besondere Wirkung des Ultraschalls auf Erkrankungen der peripheren Nerven zurückgeführt wird. Die erzeugte Hyperämie ist noch nach Stunden nachweisbar.

3. **Chemische Wirkung.** Sie wird ausgelöst oder tritt als Folge der mechanischen oder thermischen Vorgänge ein. Außer einer Denaturierung der Eiweiße, Veränderungen des Albumin-Globulin-Quotienten, kommt es zu der therapeutisch wichtigen Alkalisierung des Blutes, dessen pH-Wert bei Entzündungsprozessen stets zur sauren Seite hin verschoben ist.

Neben diesen sich unmittelbar im Schallfeld abspielenden Wirkungen kommt es darüber hinaus noch zu speziellen Wirkungen auf das vegetative Nervensystem und im Anschluß an die lokale Wirkung zu einer allgemeinen biologischen Reaktion.

Die **Ultraschallwirkung auf das vegetative Nervensystem** läßt sich durch verschiedene Effekte beweisen, z. B. durch die günstige Beeinflussung von rheumatischen Gelenkprozessen durch Beschallung der Nervenwurzeln, wodurch eine zentral beruhigende und detonisierende Wirkung auf die Tonuszentren der Muskulatur erreicht wird.

Zu den **Wirkungen auf den Gesamtorganismus** kommt es durch die Aktivierung des lokalen Prozesses, vermutlich durch eine Ausschwemmung toxischer Produkte. Der Effekt wird im Sinne einer gezielten Reizkörper-Therapie gedeutet.

Die gelegentlich im Anschluß an eine Behandlung auftretende Müdigkeit und Abgeschlagenheit findet ihre Erklärung nicht nur in einer Beeinflussung des vegetativen Nervensystems, sondern auch in einer Senkung des Blutzuckerspiegels unmittelbar im Anschluß an die Beschallung. Daneben kommt es noch zu weiteren Reaktionen wie einer reaktiven Leukocytose bzw. Leukopenie u. a.

c) Dosierung

Die biologische Wirkung in einem beschallten Gewebe ist abhängig von der Dosierung. Eine Dosisangabe hat zu berücksichtigen:

1. die **Frequenz** (meistens werden 800 bis 1000 kHz angewendet);
2. die **Intensität,** das ist die Energie, die pro cm^2 abgestrahlt wird. Die **Schalleistung** ist die Intensität × Fläche des Schallkopfes, die mit einer Schalldruckwaage, z. B. **Sonotest** von Siemens, gemessen werden kann. Sie ist kalorimetrisch in Watt geeicht.
   Am Körper unterscheidet man eine **Oberflächenintensität,** das ist die auf die Oberfläche auftreffende Energie, eine **Einfallsintensität,** die von der Ankopplungssubstanz (Paraffin, Wasser) beeinflußt wird, und die **Herdintensität.** Letztere ist abhängig von der Einfallsintensität, von der Tiefe und von der Absorption.
3. die **Schallform,** Gleichschall oder Wechselschall. Die wirksame Intensität ist bei Gleichschall eine Funktion des Ortes, bei Wechselschall eine Funktion des Ortes und der Zeit.

Abb. 59.
Schalldruckwaage „Sonotest“

(Gleichschall wird mit gleichgerichtetem Anodenstrom erzeugt, während Wechselschall mit einem pulsierenden Anodenstrom durch eine Halbwelle oder durch Doppelhalbwellen erzeugt wird.)

4. die **Behandlungszeit.** Ihre Angabe richtet sich nach der Schallform, der Herdgröße, der Behandlungstechnik und beim Impulsschall nach der Impulsform und dem Tastverhältnis. Die Dauer der einzelnen Behandlungen schwankt zwischen 3 und 10 Minuten. Längere Behandlungszeiten sind nur in seltenen, meist chronischen, Fällen erforderlich. Man ist heute von der Anwendung relativ hoher Dosen abgekommen, da der therapeutische Effekt bei kleinen Dosen häufig günstiger ist. In der Regel liegen die zur Anwendung kommenden Intensitäten zwischen 0,1 und 1,5 Watt pro cm^2.

Der Patient soll während der Behandlung höchstens ein leichtes Wärmegefühl verspüren. Tritt Stechen, Brennen oder gar Schmerz in der Tiefe auf (Periostschmerz), so ist das ein deutliches Zeichen einer Überdosierung, in der Voraussetzung, daß keine Sensibilitätsstörungen vorliegen (vorher prüfen!). Bei Arthrosen der Kniee mit Neigung zur Exsudatbildung kann durch Überdosierung ein Hydrops entstehen!

Schädigungen sind bei den heute üblichen therapeutischen Dosen nicht zu erwarten, aber wegen evtl. möglicher Kombinationsschäden sollte eine gleichzeitige Behandlung mit Ultraschall und Röntgenstrahlen vermieden werden.

Ein **Schalltrauma** kann eintreten, wenn die Beschleunigungswelle gegen die Druckwelle um $^1/_4$ verschoben ist; dann wird eine beträchtliche Wirkung auf das vegetative Nervensystem ausgelöst. So kann eine Halsbeschallung (Ganglion stellatum) eine Dekompensation des Herzens veranlassen. Man sollte daher bei Personen über 50 Jahren von einer Halsbeschallung absehen oder nur kleinste Dosen anwenden. Ferner ist zu beachten, daß bei schweren Kreislaufstörungen auch schon eine geringe Schalleistung zu Schäden führen kann.

Wirkungswerte im Gewebe bei 800 kHz und 4 Watt/cm^2:

Schallwellenlänge: ca. 1,5 mm.

Schallwechseldruck: ±3,5 atü. Der Druck schwankt periodisch bei fortschreitenden Wellen zwischen 3,5 atü Druck- und 3,5 atü Zugspannung am gleichen Ort.

Geschwindigkeit der Gewebeteilchen: 23 cm/sec.

Amplitude der Teilchenverschiebung: 47 mμ
Die Weglänge entspricht ca. $^1/_{10}$ der Wellenlänge des blauen Lichtspektrums oder ca. 50 Eiweißmoleküldurchmessern.

Beschleunigung der Gewebeteilchen: $1{,}2 \times 10^5$ g.
d. h. 1 Teilchen der Masse 1 g ist der Kraft von 100 kg ausgesetzt mit 1 600 000 Richtungswechseln pro sec! Das ist ein Wert, der 100 000fach über dem der Erdbeschleunigung liegt.

Eine Kontraindikation für die Anwendung des Ultraschalls stellt die direkte Beschallung parenchymatöser Organe dar wie Leber, Milz, Hoden und Eierstöcke. Ebenso ist eine Beschallung der Kreuzbeingegend vor und während der Menses zu vermeiden. Auch Herz, Gehirn und Rückenmark und der gravide Uterus werden besser nicht direkt beschallt. Die Beschallung der Nervenwurzeln erfolgt jeweils neben der Wirbelsäule.

Einen Erfolg verspricht die Ultraschallbehandlung bei allen Erkrankungen, die eine Belebung des Stoffwechsels und starke Durchblutung erfordern wie akute und chronisch entzündliche Prozesse, wobei allerdings in fortgeschrittenen Stadien, z. B. bei Arthrosen, nur Besserungen erzielt werden können. Ferner wird sie angewendet bei Neuritiden und Neuralgien, z. B. Ischias, jedoch ist große Vorsicht geboten bei Trigeminus-, Occipital- und Intercostalneuralgien! Weiter ist sie bei schlecht heilenden Geschwüren und Fisteln, auch Röntgenulcera, erfolgreich.

d) Ultraschallgeräte

Jedes US-Therapie-Gerät besteht aus einem Hochfrequenzgenerator und dem US-Kopf, der die hochfrequenten elektrischen Schwingungen in mechanische (akustische) Schwingungen umwandelt. Wird der Elektronenröhre des HF-Generators Wechselspannung zugeführt, so hat sie Ventilwirkung und es entsteht ein pulsierender Anodenstrom, der im Schwingkreis kurzdauernde Schwingungsstöße hervorruft und den Quarz stoßförmig anregt. Diese mit Halbwellen oder Doppelhalbwellen erzeugte US-Form wird als **Wechselschall** bezeichnet, obgleich man ihn besser als modulierten Schall bezeichnen sollte *(Krebs)*.

Als **Gleichschall** bezeichnet man US-Wellen, die mit gleichgerichtetem Anodenstrom erzeugt werden. Als Gleichrichter dienen Ventilgleichrichter und Glättungskondensatoren.

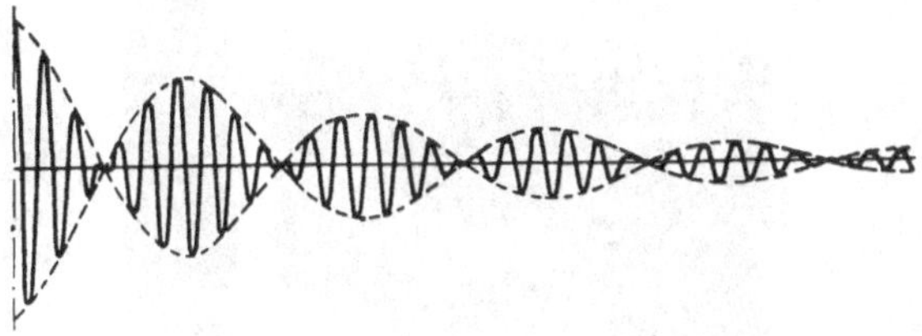

Abb. 60. a) Wechselschall

Als **Impulsschall** bezeichnet man Schallstöße verschiedener Zeitdauer mit dazwischen liegenden längeren Pausen. Es gibt sowohl Gleichschall- wie auch Wechselschallimpulse.

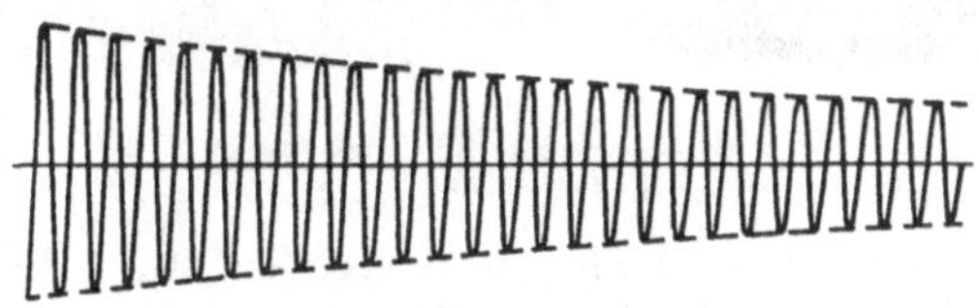

Abb. 60. b) Gleichschall

Der **Schall- oder Behandlungskopf** ist mit dem HF-Generator durch ein Kabel verbunden. Er enthält die piezoelektrische Schwingplatte (Quarz z. B.) und muß vollkommen dicht gekapselt sein, um die besonders günstige Unterwasserbehandlung zu ermöglichen. Das Handstück ist gerade oder abgewinkelt und manchmal mit einer gleitsicheren Kunststoffhülse überzogen. Die Stirnfläche muß absolut eben sein, um glatt an den Körper angekoppelt werden zu können. Die wirksame Abstrahlfläche ist stets etwas kleiner als die Stirnfläche, sie liegt zwischen 3 cm^2 und 10 cm^2. Mit größeren Flächen lassen sich gleichzeitig größere Bereiche überstreichen, während eine kleinere Fläche für die Beschallung unebener Körperpartien günstiger ist.

Der Schallkopf erwärmt sich während des Betriebes durch Energieverluste, so daß er gekühlt werden muß. Manche Schallköpfe enthalten eine Kühlschlange, die z. B. an die Wasserleitung angeschlossen wird; andere enthalten eine Wasserfüllung im Schallkopf, aber sie erfordern längere Pausen zwischen den Behandlungen zum abkühlen. Bei Schallköpfen ohne Flüssigkeitskühlung wird durch verschiedene Maßnahmen der Anstieg der Temperatur während einer Behandlung begrenzt, so daß sie ein erträgliches Maß nicht überschreiten kann.

Der Schallkopf muß ferner unempfindlich sein gegen mechanische Beanspruchungen, größtmögliche Fugenfreiheit seiner gesamten Oberfläche und gute Sterilisierbarkeit besitzen. Heißsterilisation ist bei keiner Type zulässig; dagegen kann die Stirnfläche fast stets mit etwas Spiritus abgebrannt oder auch in Desinfektionslösungen getaucht werden.

Die modernen Therapiegeräte sind verhältnismäßig einfach zu bedienen. Sie haben elektronische Regelschaltungen, die auch bei Netzschwankungen konstante Leistung abgeben. Sie haben geeichte Leistungsstufen, oder große Geräte auch ein Meßgerät, das während der Behandlung die wirklich abgestrahlte Intensität abzulesen gestattet. Das große US-Therapie-Gerät **Sonostat 545** — Siemens — besitzt außerdem noch eine Einrichtung, die eine fehlerhafte Ankopplung des Schallkopfes sofort durch eine Signallampe und Summer anzeigt, und gleichzeitig dann die Intensität reduziert.

Abb. 61. Sonostat 545 (Siemens)

e) Behandlungstechnik

Die Behandlungstechnik ergibt sich aus den Eigenschaften des Ultraschalls, der verwendeten Schallart und aus der erwünschten Wirkung. Da die US-Wellen nicht durch die Luft hindurchgehen, muß ein guter Kontakt zwischen Schallkopf und Haut hergestellt werden. Man unterscheidet zwischen einer Kontakt- und einer Subaqualbehandlung. Die Kontakt- oder Ankoppelungssubstanz muß hohe Ultraschalldurchlässigkeit besitzen, um selbst keine Energie zu absorbieren. Sie muß einen dem Körper ähnlichen Schallwiderstand haben, um einen Grenzschichteffekt zu vermeiden. Sie muß außerdem eine gute Haft- und Gleitfähigkeit besitzen. Am besten erfüllen diese Bedingungen reines Paraffinöl oder abgekochtes Wasser, weil diese die geringsten Lufteinschlüsse enthalten.

Der Schallkopf muß bei allen Behandlungen stets glatt aufliegen, alle unebenen Körperteile werden daher am besten in geeigneten Wannen subaqual behandelt. Falls eine Beschallung im Kontakt Schmerzen verursacht, z. B. bei Wunden, Ulcus cruris, wird sie am günstigsten ebenfalls subaqual ausgeführt. Die Behandlung erfolgt

a) **mit bewegtem Schallkopf** als Streichmassage unter leichtem Druck, damit guter Kontakt gewährleistet ist, es tritt sonst sofort Oberflächen- oder Brandschmerz auf. Der Schallkopf wird gleichmäßig, nicht zu langsam, hin und her oder kreisförmig bewegt. Der Patient darf nur Wärme oder leichtes Prickeln, nicht aber Stechen und Ziehen verspüren. Unterwasserbehandlung wird gleicherweise in geeignetem Abstand von ca. 1—2 cm durchgeführt.

b) **mit stehendem Schallkopf.** Dann wird mit sehr kleinen Intensitäten eine Herd- oder eine Druckpunktbehandlung (z. B. Ischias) vorgenommen. Größere Intensitäten können verwendet werden, wenn zwischen zwei Schallstößen eine größere Pause liegt, eine sogenannte **Impulsbehandlung.** Das Verhältnis des Schallstoßes zur Pause wird als **Tastverhältnis** bezeichnet, d. h.: Sendezeit : (Sendezeit + Pause), z. B. 1 : 5, 1 : 10, 1 : 20. Das Tastverhältnis kann bei den Geräten der Firma Born wahlweise eingestellt werden.

Impulsschall kann sowohl Gleichschall wie Wechselschall sein, wobei Gleichschallimpulse vorzuziehen sind, weil sie als Rechteckimpulse exakter zu dosieren sind. Sie vereinigen die Vorteile der massierenden mit denen der stationären Behandlungsweise.

Eine Reihe von Hilfsmitteln ermöglichen eine besonders intensive Anwendung. Ein gerader Schallkopf eignet sich am besten für eine Kontaktbehandlung. Zur Ausführung einer subaqualen Beschallung ist ein abgewinkelter Schallkopf praktischer, es besteht

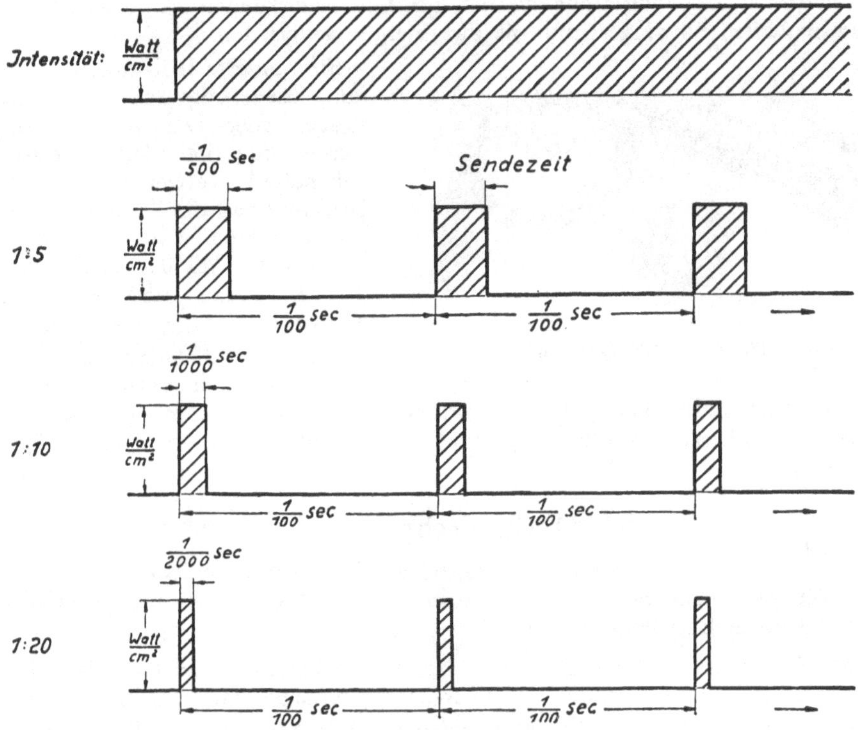

Abb. 62. Schema der Schallimpulse

aber auch die Möglichkeit durch Vorsatz von **Reflektoren** das Schallbündel umzulenken. Für schwer erreichbare Körperteile werden **Vorsatztubusse** in verschiedenen Formen und Größen benutzt. Es gibt **Flüssigkeitstubusse** und **Stabtubusse.** Wassertubusse haben eine Trichterform mit einem Gummiwulst am unteren Rand. Dieser wird fest auf die Haut aufgesetzt, mit Wasser gefüllt, und dann wird der Schallkopf in die obere

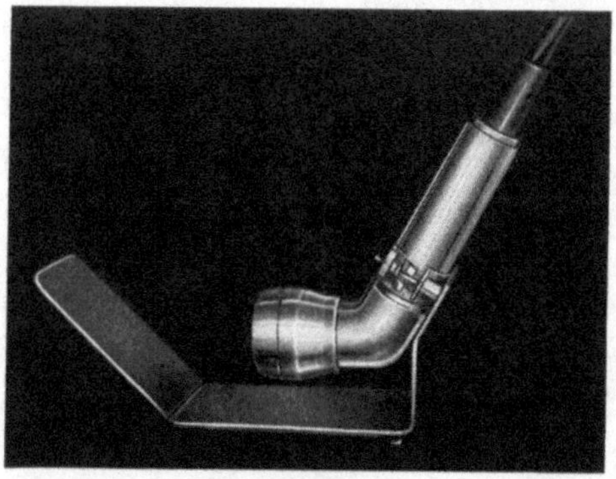

Abb. 63. Abgewinkelter Schallkopf mit Reflektor (Siemens)

Abb. 64. Flüssigkeitstubus

Trichteröffnung eingetaucht und bewegt, um Spitzenwirkungen zu vermeiden. Stabtubusse enthalten Schwingerstifte, die die Energie weiterleiten.

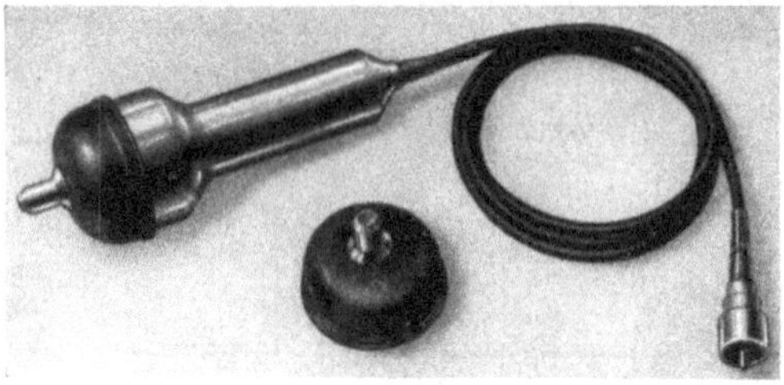

Abb. 65. Stabtubus (Dr. Bom)

Ein anderes Hilfsmittel sind die **Schallinsen,** die den Schallstrahl streuen oder sammeln können. Sie werden nur bei der Unterwasserbehandlung verwendet. Es ist zu beachten, daß die Schallgeschwindigkeit in festen Körpern größer ist als in Wasser. Konkavlinsen sammeln den Ultraschall und Konvexlinsen streuen ihn!

Die Firma Siemens hat ein Spezialwasserbad mit einer Behandlungsbrücke herausgebracht. Die Brücke besitzt einen zweiten Reflektor und eine einstellbare Schallblende zur Ausblendung verschiedener Feldgrößen sowie einen Spezial-Prostata-Aufsatz.

XI. Mechanische Verfahren

Die Anwendung rein mechanischer Mittel zu therapeutischen Zwecken ist das Arbeitsgebiet von Masseuren und Heilgymnastinnen und soll daher hier ebenfalls nur erwähnt werden. Es gehört dazu

1. **die Massage** in ihren verschiedenen Ausführungsformen, wozu auch die mit dem Pantostaten auszuführende Vibrations- und Trommelfellmassage zu rechnen ist;
2. **die Bewegungstherapie,** die aktiv und passiv sein kann. Die medico-mechanische Übungstherapie an Zandergeräten und als rein aktive Behandlung die Gymnastik, die als wichtiges Heilverfahren unentbehrlich geworden ist;
3. **die Atmungstherapie,** die ebenfalls verschiedene Möglichkeiten hat, nämlich die Atemgymnastik oder Pneumotherapie, die Inhalationstherapie (Einatmen von zerstäubten oder verdunsteten Flüssigkeiten) und die Luftionenbehandlung (Einatmen künstlich erzeugter Luftelektrizität).

Zweiter Teil:

Anwendung der Physik in der Diagnostik

I. Elektrokardiographie

a) Der Erregungsablauf

Die Elektrokardiographie ist heute eine unentbehrliche Untersuchungsmethode in der Diagnostik der Herzkrankheiten geworden. Die Aufnahme eines Elektrokardiogramms = **EKG** ist die Aufzeichnung der Summe aller während der Kontraktion des Herzmuskels entstehenden Herzaktionsströme. Wie beim Skelettmuskel ist auch beim Herzmuskel die Muskelkontraktion verbunden mit mechanischer Arbeitsleistung, Wärmebildung und der Entstehung eines Aktionsstromes. Für die Entstehung dieses Aktionsstromes gilt das bioelektrische Grundgesetz, nach dem sich ein in Erregung befindlicher Bezirk eines Muskels (Muskelfaser) zum noch nicht oder schon wieder unerregten Muskelbezirk elektronegativ verhält. D. h. der erregte Muskelbezirk hat ein negatives Potential gegenüber den unerregten Bezirken, die ein positives Potential haben. Es besteht somit zwischen beiden eine Potentialdifferenz. Ist die ganze Muskelfaser gleichmäßig erregt, so zeigt sie überall ein gleichmäßiges negatives Potential, es besteht dann keine Potentialdifferenz. Das gleiche gilt für die vollständig unerregte Muskelfaser. Ist die Muskelfaser in ihrer Gesamtheit erregt, jedoch z. B. im Punkt A stärker erregt als im Punkt B, so ist Punkt A stärker elektronegativ als Punkt B; es resultiert damit wieder eine Potentialdifferenz. Wird Punkt A maximal erregt und mit Punkt B, der unerregt oder weniger erregt ist, durch einen Leiter über einen Spannungsmesser (Galvanometer) verbunden, so gleicht sich die Differenz beider Potentiale aus: es fließt ein Strom, der einen Ausschlag des Galvanometers bedingt.

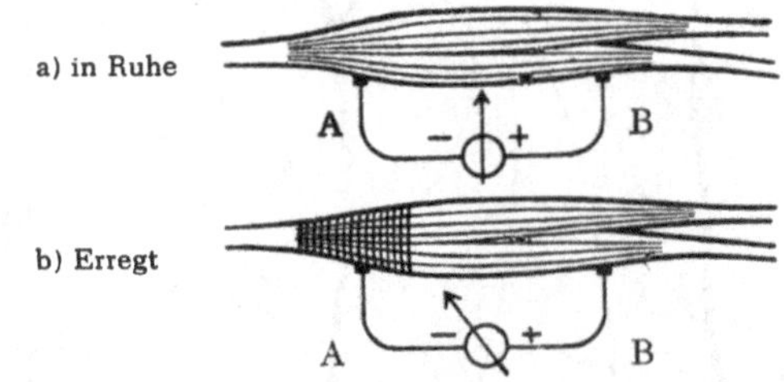

Abb. 66. Schema einer Muskelfunktion und Nachweis der Aktionsspannung

Der Erregungsablauf in der Herzmuskulatur (Myokard), der zur Kontraktion (Systole) der Vorhöfe bzw. der Kammern führt, und dessen elektrischer Ausdruck das EkG ist, ist an bestimmte anatomische und physiologische Besonderheiten des Herzmuskels gegenüber den Skelettmuskeln gebunden. Der Herzmuskel ist ein Geflecht von Muskelfasern, während der Skelettmuskel einen parallelen Faserverlauf zeigt. Der Ursprung des Reizes, der zur Erregung des Herzmuskels führt, liegt im **Sinusknoten** oder *Keith-Flack*-**Knoten** (im rechten Vorhof zwischen Einmündung der oberen und unteren Hohlvene). Der Sinusknoten gehört zum **Reizleitungssystem** = **RLS** des Herzens, das als „spezifisches Muskelsystem“ den Reiz auf dieser vorgebildeten Bahn allen Teilen des Herzmuskels zuleitet. Dadurch ist gewährleistet, daß alle Teile des Herzmuskels innerhalb einer sehr kurzen Zeit gleichmäßig erregt werden (Kontraktion der Vorhöfe bzw. der Kammern). Vom Sinusknoten, der als automatisches Reizzentrum durchschnittlich 72 Impulse in der Minute aussendet, werden zuerst der rechte Vorhof, und etwa 0,02 sec später der linke Vorhof erregt. Der Erregungsablauf in beiden Vorhöfen zusammen dauert nicht länger als 0,10 sec als obere Zeitgrenze (**P** Zacke im Ekg). Der Reizimpuls wird dann von der erregten Vorhofsmuskulatur (eine direkte Verbindung mittels des RLS vom Vorhof zur Kammer besteht nicht) von den Ausläufern des **Atrio-Ventrikularknotens** (**AV**-Knoten oder *Aschoff-Tawara*-Knoten) übernommen und mit einer Verzögerung, die im Ekg in der **PQ-Strecke** zum Ausdruck kommt, über das ***His*'sche Bündel** in den rechten und linken Schenkel weitergeleitet. Beide Schenkel breiten sich in den Kammern unter der Herzinnenhaut aus und fasern sich in das *Purkinje*sche Netzwerk auf, das den Impuls bis weit in die Peripherie des Myokards leitet. So wie die P-Zacke nicht der elektrische Ausdruck der Tätigkeit des Sinusknotens, sondern der Kontraktion der Vorhöfe ist, so ist **QRS** (Kammeranfangsgruppe = **KAG**), dessen Dauer bis 0,10 sec normal ist, der Ausdruck der Ausbreitung der Erregung in der Muskulatur der Kammern und nicht der Reizleitung vom AV-Knoten zum *Purkinje*schen Netzwerk. Dem Rückgang der Erregung entspricht im Ekg die **S-T-Strecke** und die Endschwankung **T**. Die Leitung des Impulses im RLS garantiert das für die Funktion des Herzmuskels als „Blutpumpe“ notwendige Nacheinander der einzelnen Teile. Die Verzögerung im AV-Knoten (**P-Q**) gestattet eine ausreichende und vollständige Füllung der Kammern, bevor diese den Impuls zur Kontraktion (**QRS**) erhalten.

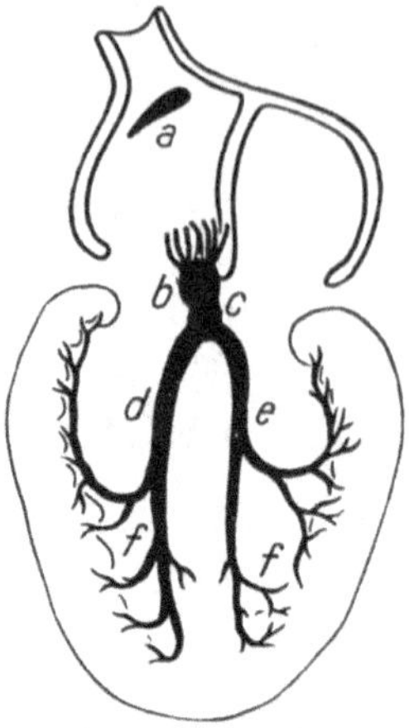

Abb. 67. Spezifisches Muskelsystem des Herzens. a Sinusnoten an der Einmündung d. Vena cavasup, b Atrioventrikularknoten, c Bündelstamm, d Rechter Schenkel, e Linker Schenkel, f Verzweigungen.
Das Atrioventrikularbündel ist die einzige leitende Verbindung zwischen der völlig getrennten Arbeitsmuskulatur der Vorhöfe und Kammern.

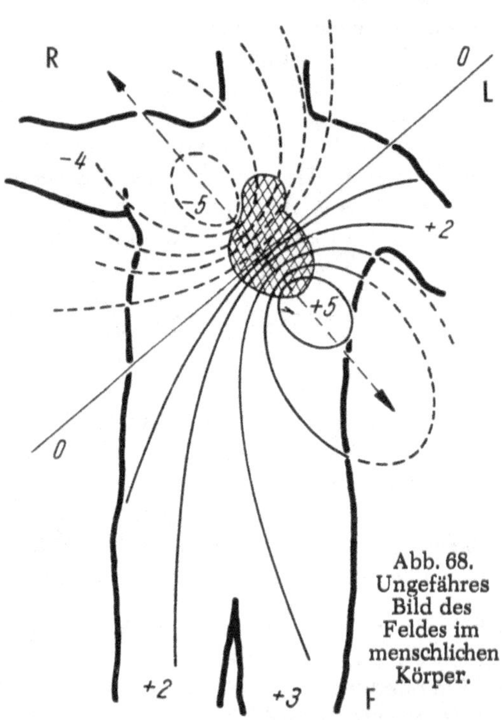

Abb. 68. Ungefähres Bild des Feldes im menschlichen Körper.

Die Summe aller während des Erregungsablaufes im Herzen entstehenden Potentialdifferenzen (s. o.) teilt sich durch die das Herz umgebenden Gewebe der Körperoberfläche mit, so daß diese dort abgeleitet werden können. Die geschriebene Kurve stellt also in der Zeiteinheit die Summe aller Potentialdifferenzen in jedem Moment der Herzaktion dar. Abb. 68 zeigt die Ausbreitung der Potentiallinien (Linien gleicher Potentiale) auf der Oberfläche des Körpers.

Das registrierte Potentialbild eines Herzschlages besteht aus 5 Zacken, die nach *Einthoven* (1912) mit den Buchstaben **P Q R S T U** bezeichnet werden. Mit U wird eine dem T folgende träge, flache Schwankung bezeichnet. Die einzelnen Zacken bzw. Zackengruppen stehen in bestimmter zeitlicher Beziehung zueinander:

Dauer von **P**	nicht über 0,10 sec.
Dauer von **P—Q**	0,12—0,20 sec.
Dauer von **QRS**	nicht über 0,10 sec.

Die Distanz von Q (Beginn) bis T (Ende) umfaßt die Ausbreitung der Erregung im Kammermyokard (QRS) und den Rückgang der Erregung (S—T-Strecke mit T-Zacke) und wird in der Bezeichnung **„elektrische Systole“ (Q—T-Zeit)** zusammengefaßt. Die Q—T-Dauer muß ebenfalls in jedem Ekg gemessen werden. Das Messen der Zeitwerte von P, P—Q, QRS und QT muß stets an mehreren Schlägen erfolgen und kann mit der unbedingt notwendigen Genauigkeit nur an einwandfrei geschriebenen Kurven durchgeführt werden.

Wie die Verteilung der Potentiallinien auf der Oberfläche in Abb. 68 zeigt, besteht zwischen dem rechten Arm = **R**, dem linken Arm = **L** und dem linken Bein = **F** ein beträchtlicher Unterschied in der Potentialgröße. Eine Verbindung von je zwei dieser Punkte stellt eine **Ableitung** dar. Diese drei Ableitungspunkte wurden von *Einthoven* wegen ihrer bequemen Zugänglichkeit und ihrer bedeutenden Potentialunterschiede gewählt. Sie werden heute als *Einthoven*sche oder **Standardableitungen** bezeichnet (**Abl. I, II, III**). Da nur die Potentiale an den Rumpfansatzstellen der Extremitäten wesentlich sind, wirken die Extremitäten selbst nur als Verlängerung der Ableitungskabel. Ableitungen von den Oberarmen bzw. von den Oberschenkeln, ist aber deshalb der Vorzug zu geben, weil dadurch weitgehend Zuckungen der Extremitätenmuskulatur ausgeschaltet werden können. Da bei den Standardableitungen von je zwei Punkten, die ein Eigenpotential haben (s. Abb. 68), d. h. von zwei Polen abgeleitet wird, werden sie als **bipolare Ableitungen** bezeichnet (sog. unipolare Ableitungen siehe S. 56). Es sind Ableitungen in der Frontalebene, da die

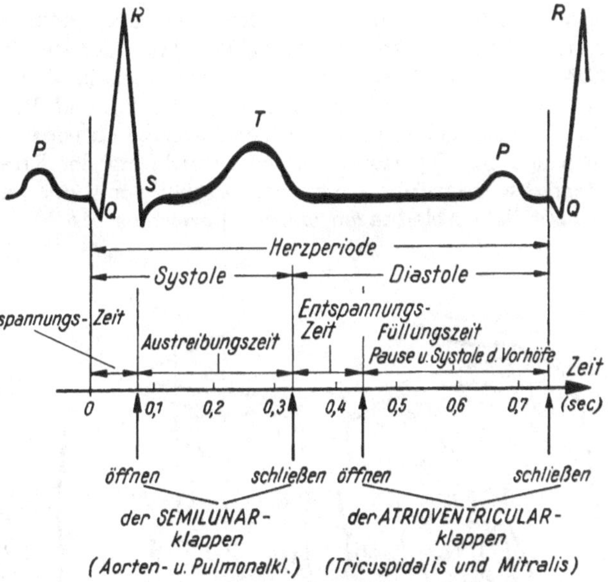

Abb. 69. Zeitliche Verhältnisse der Herztätigkeit

Verbindungslinien R—L—F ein Dreieck bilden, das in der Frontalebene liegt (Unterschied zu den *Wilson*-Ableitungen). Als Mittelpunkt dieses gleichseitigen Dreiecks, des **Einthovenschen Dreiecks,** kann das Herz angesehen werden. Stellt man die Hauptausbreitungsrichtung der Erregungswelle im Herzen durch einen Pfeil dar, dessen Länge der Größe des Potentials entspricht, so spricht man von einem Vektor. Dieser Vektor setzt sich aus einer unendlichen Zahl von Potentialen zusammen, die während der Herzrevolution (des Herzschlages) in allen Teilen des Myokards entstehen. Er ist

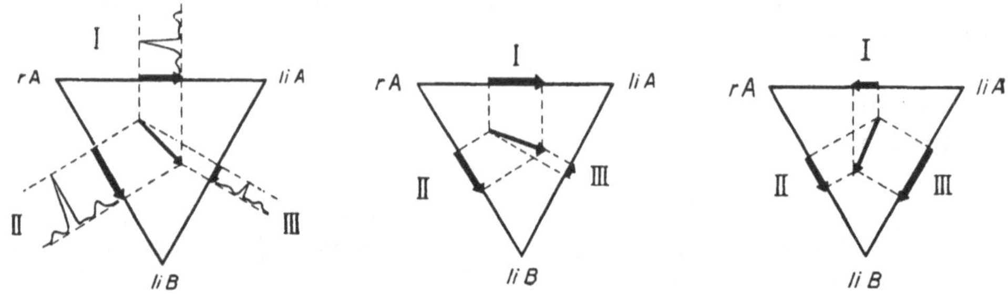

Abb. 70. Einthovensches Dreieckschema. Die Ausschlagsgröße in den drei Ableitungen entspricht der Herzlage.

also ein „Summationsvektor" vieler einzelner Vektoren. Abb. 70 zeigt diesen Vektor in der Mitte des Dreiecks. Seine Projektion auf die drei Seiten des Dreiecks gibt uns Größe und Richtung des Hauptausschlages in den drei Ableitungen an. Wie aus den Abb. 70 a—c hervorgeht, hängt Größe und Richtung des Hauptausschlages in den Standardableitungen von der Herzlage ab (siehe Abl. I in a und c, oder Abl. III in a und b). Die Hauptausbreitungsrichtung der Erregungswelle wird als **elektrische Herzachse** bezeichnet, die etwa zu 80% mit der anatomischen Herzachse übereinstimmt. Die Ableitungen werden bezeichnet als

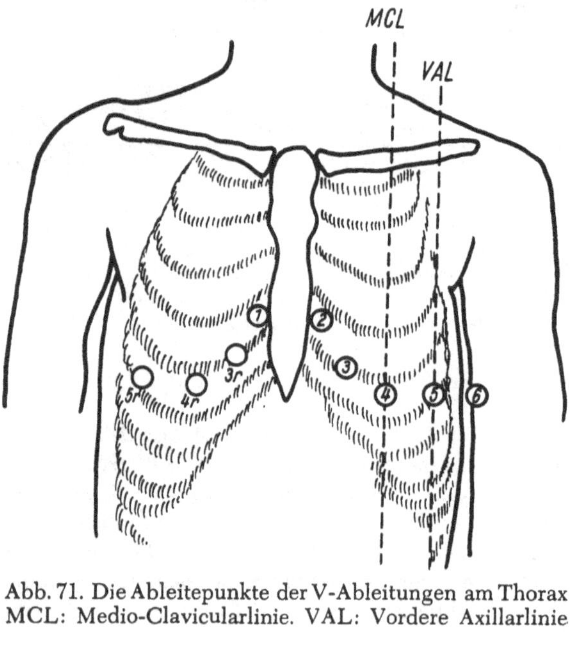

Abb. 71. Die Ableitepunkte der V-Ableitungen am Thorax MCL: Medio-Clavicularlinie. VAL: Vordere Axillarlinie

Abl. I zwischen r. Arm u. li. Arm
Kurvenausschlag: +

Abl. II zwischen r. Arm u. li. Bein
Kurvenausschlag: +

Abl. III zwischen li. Arm u. li. Bein
Kurvenausschlag: ±

In der Erkenntnis, daß die Standardableitungen stets das Ergebnis zweier Potentiale sind (bipolar), die sich addieren oder subtrahieren, und aus dem Wunsche, näher vom Herzen abzuleiten, wurden die sog. **präcordialen Ableitungen** eingeführt. Nach dem *Einthoven*schen Grundgesetz summieren sich die Potentiale der Ableitungen zu Null: I+III—II=O. Auf Grund dieser Gleichung schloß *Wilson* die drei Ableitungen über je einen Widerstand von 5000 Ohm zu einem künstlichen Nullpunkt (central terminal), dem nach ihm benannten **Wilsonstern,** zusammen. Das Eigenpotential dieser **Nullelektrode** ist sehr klein und kann in der praktischen Elektrokardiographie vernachlässigt werden = indifferente Elektrode. Aus diesem Grunde heißen Ableitungen zu diesem *Wilsonstern* auch **unipolare Ableitungen,** obgleich sie in strengem Wortsinne auch nicht ganz unipolar sind. Wird nun zu dieser Elektrode von der Brustwand (BW) abgeleitet, so gibt die Kurve überwiegend das Potentialbild der herznahen Brustwandelektrode (= differente Elektrode) wieder. Ableitungen dieser Art werden als **V-Ableitungen** bezeichnet, da nach internationaler Übereinkunft die Bezeichnung **V** (Volt) für den *Wilson*stern eingeführt worden ist. Die von der amerikanischen Heart Association eingeführten Bezeichnungen der Ableitungsstellen wurden von der Deutschen Gesellschaft für Kreislaufforschung 1950 übernommen und festgelegt wie folgt:

$\mathbf{V_1}$: 4. Intercostalraum (ICR) am rechten Sternalrand
$\mathbf{V_2}$: 4. Intercostalraum (ICR) am linken Sternalrand
$\mathbf{V_3}$: auf der 5. Rippe zwischen V_2 und V_4
$\mathbf{V_4}$: im 5. ICR auf der Medioclavicularlinie
$\mathbf{V_5}$: zwischen V_4 und V_6 in der vorderen Axillarlinie
$\mathbf{V_6}$: in der mittleren Axillarlinie in der Höhe von V_4.

Für besondere Zwecke können die Ableitungen um den ganzen Brustkorb herum entsprechend fortgeführt werden, $\mathbf{V_7}$ **bis** $\mathbf{V_9}$, die entsprechenden Abl. Punkte auf der rechten Seite werden mit $\mathbf{V_3r}$—$\mathbf{V_9r}$ bezeichnet. Die Ableitungsebene ist hier saggital und die Kurvenausschläge verändern sich mit der Lage der Elektrode zum Herzen. So ist die R-Zacke in $\mathbf{V_1}$ = negativ
$\mathbf{V_2}$ = negativ
$\mathbf{V_3}$ = negativ — positiv
$\mathbf{V_4}$ = positiv — negativ
$\mathbf{V_5}$ = positiv
$\mathbf{V_6}$ = positiv usw.

Da das Potentialbild mit zunehmender Entfernung der Elektrode vom Herzen an Größe (Amplitude) abnimmt, sind die mit einer herznahen Elektrode zum *Wilson*stern abgeleiteten Amplituden erheblich größer als in den Standardableitungen.

Ableitungen von der Brust (**chest = C**) zu einer herzfernen Elektrode, z. B. Brustwand—linkes Bein, sind praktisch wieder bipolare Ableitungen und sind deshalb den *Wilson*-Ableitungen unterlegen. Für sie gilt die Bezeichnung **CR, CL, CF** (Brust—R. Arm etc.), können aber als überholt angesehen werden.

So wie die Potentiale der Brustwand zum *Wilson*stern abgeleitet werden können, kann auch das Extremitätenpotential zum *Wilson*stern abgeleitet werden. Diese Ableitungen haben sehr kleine Amplitude und tragen die Bezeichnungen: **VR, VL, VF.**

Goldberger fand, als er den Schenkel des *Wilson*sterns, der zur differenten, d. h. abzuleitenden, Extremität führte, herausnahm, daß die Amplitude des Ausschlags bei gleicher Form erheblich größer wurde und so besser zu analysieren war. Diese Ableitungen zu einem zweischenkligen central terminal werden, da sie verstärkt (engl. augmented = **a**) sind, mit **aVR, aVL, aVF** bezeichnet. Man leitet ab:

	diff. Elektr.	indiff. Elektr. (je 5000 Ohm)
aVR =	r. Arm	gegen li. Arm + li. Bein
aVL =	li. Arm	gegen r. Arm + li. Bein
aVF =	li. Bein	gegen r. Arm + li. Arm.

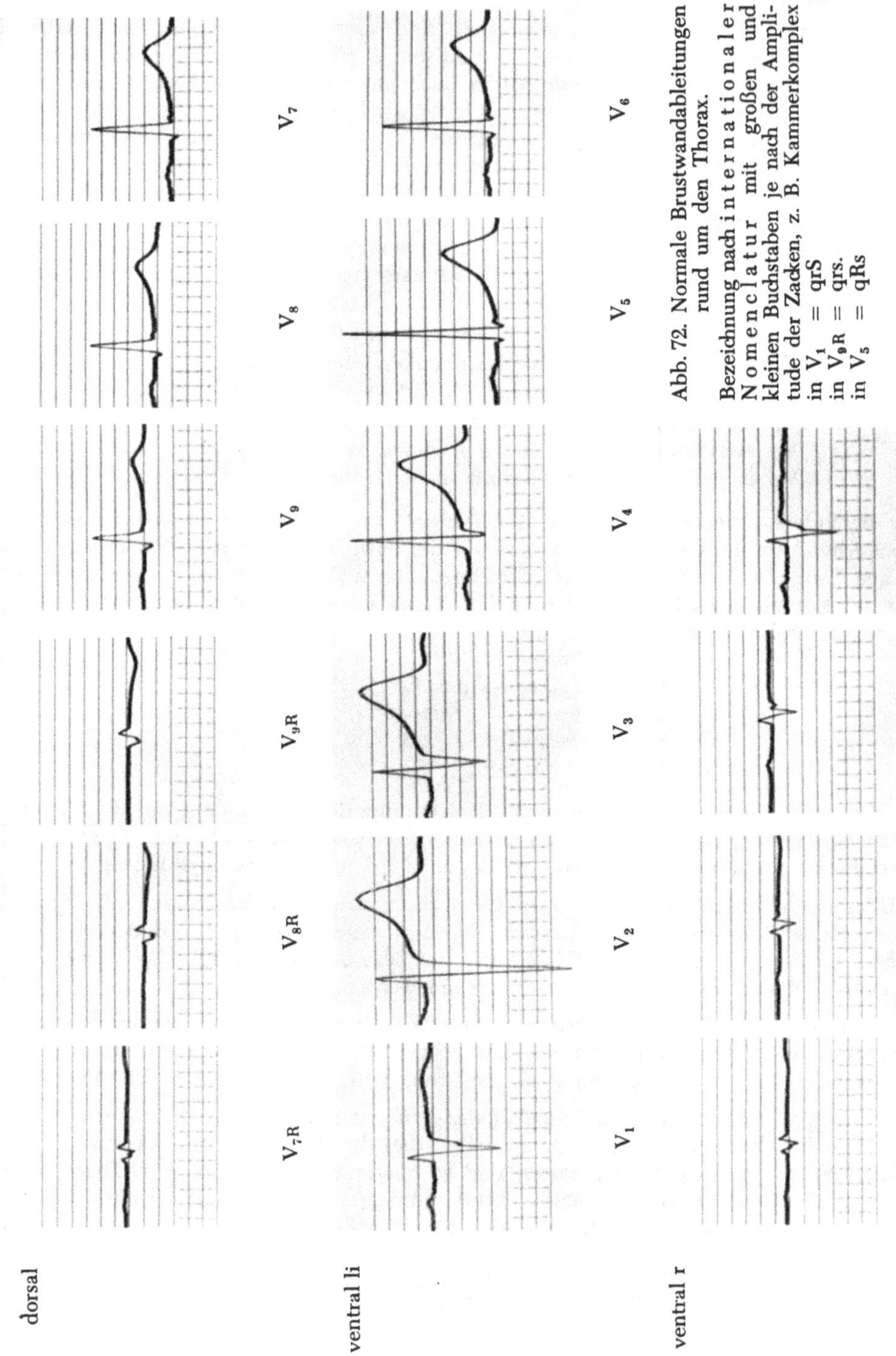

Abb. 72. Normale Brustwandableitungen rund um den Thorax.

Bezeichnung nach i n t e r n a t i o n a l e r N o m e n c l a t u r mit großen und kleinen Buchstaben je nach der Amplitude der Zacken, z. B. Kammerkomplex

in V_1 = qrS

in V_9R = qrs.

in V_5 = qRs

Es ist zu beachten, daß sich die Polarität der Ableitungen aus der Beziehung des jeweiligen Potentials zum Symmetriepunkt ergibt. Infolgedessen ist die *Goldberger*-Abl. **aVR** meistens **negativ,** Ausnahmen gibt es praktisch nur beim Situs inversus.

Ableitung:	**aVR**	**aVL**	**aVF**
Kurvenausschlag:	—	+	+

Zur Darstellung von Veränderungen der Herzhinterwand und der Vorhöfe kann man vom Oesophagus in verschiedenen Abständen zum *Wilson*stern hin ableiten. Diese **Oesophagusableitungen** werden mit einer speziellen, in einzelne Segmente unterteilten, Oesophaguselektrode vorgenommen und am Gerät über die Schaltungen für die Brustwandableitungen $\mathbf{V_1}$ bis $\mathbf{V_5}$ geschrieben.

Außerdem sind noch die **vollthorakalen Ableitungen nach** *Nehb* zu nennen. Sie stellen auch die Saggitalebene dar, sind aber **bipolare** Ableitungen. Das **„Nehbsche Dreieck“** hat die Ableitungspunkte:

A (anterior) im 2. ICR rechts parasternal,
I (inferior) an der Herzspitze,
D (dorsal) auf der hinteren Axillarlinie.

Man schreibt die Ableitungen mit den Kabeln der Extremitätenableitungen:

das Kabel des rechten Armes an Punkt **A,**
das Kabel des linken Armes an Punkt **D,**
das Kabel des linken Beines an Punkt **I.**

Man kann auch von **A D I** zu einer großen Rückenmattenelektrode ableiten, auf der der Patient liegt. Es sind trotzdem **bipolare Ableitungen,** die aber keinen Vorzug gegenüber den *Wilson*ableitungen darstellen.

b) Die Aufnahme eines Elektrokardiogramms

Die wichtigste Voraussetzung zur Aufnahme eines einwandfreien Ekg's ist die richtige Lagerung des Patienten. Es müssen alle Muskelaktionsströme mit Ausnahme der des Herzens ausgeschaltet bzw. vermieden werden. Dazu gehört ein bequemes, nicht zu schmales Ruhebett (keine Massagebank!), elektrisch isoliert, in einem störungsfreien Raum. Der Patient soll möglichst nüchtern — zur Vermeidung der Magenperistaltik — völlig ruhig und entspannt (Kissenrolle unter den Knien!) liegen. Die Elektroden werden an der Streckseite der Unterarme und an der tibialen Seite der distalen Unterschenkel angelegt. Um Muskelverzitterungen zu vermeiden, ist es besser, sie an den Oberarmen und an den Oberschenkeln möglichst herznah zu befestigen. Man verwendet reine Silberelektroden oder schwer versilberte Elektroden. Es ist jedoch darauf zu achten, daß alle benutzten Elektroden aus dem gleichen Material bestehen. Ferner muß der Elektrodenanlagedruck überall gleichmäßig fest sein, sonst treten isoelektrische Spannungsveränderungen auf, da der Übergangswiderstand Haut—Elektrode abhängig ist vom Anlagedruck und von der Durchfeuchtung.

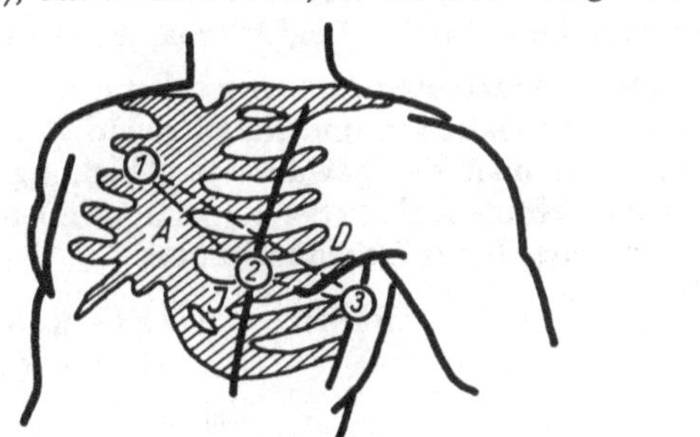

Abb. 73.
Das Nehb'sche Dreieck.

Die Elektroden werden mit einer gut durchfeuchteten Kompresse oder einem besonders präparierten feuchten Fließpapier angewickelt. Zum Anfeuchten ist keinesfalls einfach Leitungswasser zu benutzen (hoher Übergangswiderstand!), sondern am besten nimmt man 1—2%ige Sodalösung, die annähernd isotonisch ist und gleichzeitig entfettend wirkt. Verwendet man 1—2%ige NaCl, so ist unbedingt darauf zu achten, daß keine frisch angesetzte Lösung benutzt wird, da NaCl-Lösung erst nach 24 Std. isoelektrisch stabil reagiert! Außerdem muß dann die Haut vorher mit 90%igem Alkohol entfettet werden. Trocken angelegte Elektroden ergeben stark von Wechselstrom überlagerte Kurven!

Da jeder Wechselstromeinfluß die Auswertung einer Kurve stört und unbedingt vermieden werden muß, legt man eine 4. Elektrode an das rechte Bein, die über einen Widerstand den Wechselstrom kompensiert.

Das Ekg wird bei völliger Ruhe und Entspannung des Patienten aufgenommen, das **Ruhe-Ekg.** Ihm können sich Aufnahmen nach Belastung anschließen, z. B. nach Arbeitsleistung wie Treppensteigen oder im Stehen, ein sogenanntes **Steh-Ekg.** Zur Prüfung der Herzfunktion durch Belastungen muß eine Aufnahme unmittelbar im Anschluß an die Belastung geschrieben werden, eine weitere Aufnahme nach 4 Minuten und eine dritte nach 8 Minuten, da sich Schädigungen oft erst bei der Rückkehr zur Ruhefunktion zeigen.

Bei **Ableitungsserien** ist zu empfehlen, die Brustwandelelektrodenanlage durch Markierung (Fettstift etc.) zu fixieren, damit bei allen Aufnahmen stets gleiche Ableitungspunkte gesichert sind, weil durch Elektrodenverschiebung sich auch die Kurven ändern und nicht mehr vergleichbar sind.

c) Der Elektrokardiograph

Die Aufnahme eines Ekg's erfolgt mit Hilfe eines Elektrokardiographen, der ein Lichtschreiber oder ein Direktschreiber sein kann. Die Geräte sind vielfach transportabel, können Ein- oder Mehrkurvenschreiber sein. Letztere bestehen im Prinzip aus mehreren Einkurven-Elektrokardiographen, die in einem gemeinsamen Gehäuse untergebracht sind. Der Registrierteil ist jedoch nur einmal vorhanden und verwendet ein entsprechend breites Registrierpapier zur gemeinsamen Aufzeichnung der Kurven.

Die Herzaktionsspannung wird von den Ableitungspunkten am Körper des Patienten über die Elektroden und Kabel zunächst zu einem **Ableitungswähler** im Gerät geführt, mit dem man die gewünschte Ableitung einstellen kann. Die Voraussetzung dazu ist die richtige Anlage der Kabel am Patienten. Die Kabel sind entweder durch Farben oder durch Ringe gekennzeichnet:

Farben: das rote Kabel an den rechten Arm,
das gelbe Kabel an den linken Arm,
das grüne Kabel an das linke Bein,
das schwarze Kabel an das rechte Bein.

Ringbezeichnung:

1 Ring = rechter Arm,
2 Ringe = linker Arm,
3 Ringe = linker Fuß,
4 Ringe = rechter Fuß.

Für Brustwandableitungen werden entweder Saugelektroden oder Plättchenelektroden benutzt, die mit den Zahlen 1—6, entsprechend V_1—V_6, bezeichnet sind. Plättchenelektroden werden mit Schmierseife angelegt und mit einer Bandage befestigt. Bei Belastungs-Ekg's empfiehlt es sich, die Anlagepunkte des Ruhe-Ekg's auf die Haut zu zeichnen, denn eine Lageverschiebung der Elektrode auch nur um 1 cm zeigt schon ein anderes Kurvenbild.

Es ist sehr darauf zu achten, daß die Elektroden sorgfältig angelegt und die Kabel nicht vertauscht werden, es ergeben sich sonst falsche Kurvenbilder, die nicht der am Ableitungswähler eingestellten Ableitung entsprechen!

Die abgeleitete Herzaktionsspannung wird dann mit Hilfe eines Röhrenverstärkers soweit verstärkt, daß ein der Herzaktionsspannung proportionaler Meßstrom über ein Galvanometer geleitet werden kann. Geräte mit fotografischer Registrierung haben ein Spiegelgalvanometer, das mit einem Lichtstrahl das Ekg auf ein vorbeilaufendes fotografisches Registrierpapier aufbelichtet, welches dann entwickelt werden muß. Die direktschreibenden Geräte übertragen den Meßstrom auf verschiedene Weise direkt auf einen Papierstreifen, der fertig aus dem Gerät herausläuft. Der Meßstrom wird, z. B. bei dem **Cardiostat** von Siemens, auf einen mit hoher Frequenz oscillierenden Zeiger übertragen, der mit einer Schneide über ein Schichtpapier gleitet und die helle Deckschicht abschabt, so daß die dunkle Papierunterlage als Kurvenzug erscheint. Der **Cardioscript** von Schwarzer arbeitet mit einem elektromagnetischen Registriersystem, bei dem sich unter einer Schneidekante entgegengesetzt Kohlepapier und Registrierpapier in verschiedener Geschwindigkeit vorbeibewegen. Geräte der Firma Hellige benutzen eine Glühnadel, die über Wachspapier gleitet. Der **Mingograph** von Elmquist ist ein Düsenschreiber; das Galvanometer besitzt an Stelle des Spiegels eine feine Düse, durch die mit sehr hohem Druck Säure auf ein NaCl-Papier gespritzt wird, es ist praktisch trägheitslos.

Um das Ekg auswerten zu können, sind bei Direktschreibern Zeitlinien auf das Registrierpapier senkrecht zur Ablaufsrichtung aufgedruckt. Bei Lichtschreibern wird die Zeitregistrierung in konstantem Abstand von 0,05 sec belichtet. Infolgedessen ist bei fotografischer Registrierung die Zeitschreibung unabhängig von der Ablaufgeschwindigkeit des Papiers; bei Direktschreibern dagegen muß die Ablaufgeschwindigkeit auf der Kurve vermerkt werden.

Die Ablaufgeschwindigkeit des Registrierpapiers beträgt nach den neuen Richtlinien des Normenausschusses 25, 50 und 100 mm/sec. Ältere Geräte haben noch normalerweise 40 mm/sec, die bei großen Geräten wahlweise auf 100 mm/sec (Zeitlupenaufnahmen) oder auch auf 15 mm/sec (Zeitrafferaufnahmen) herabgesetzt werden können, wie es besonders zur Auswertung von Belastungs-Ekg's notwendig ist.

Besondere Aufmerksamkeit ist der **Eichung** zu widmen. Die Eichspannung beträgt 1 mV und entspricht 1 cm Ausschlagshöhe auf der Kurve. Man prüft die Eichspannung vor Beginn der Aufnahme, reguliert sie evtl. nach und schreibt dann die Eichkurve in die Aufnahme hinein, d. h. in die Aktionspause, damit die Eichspannung über den Patienten läuft und eine exaktere Auswertung der Kurven erlaubt.

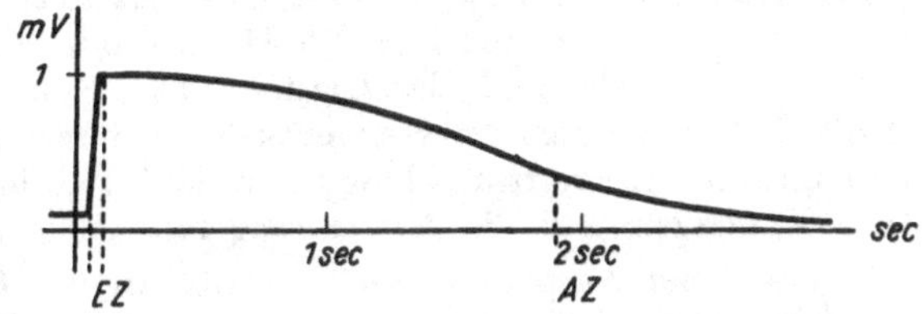

Abb. 74 Normale Eichkurve
AZ: Abklingzeit
EZ: Einstellzeit

Außerdem dient die **Eichkurve** zur Empfindlichkeitsprüfung des Gerätes. Die Kurve setzt sich zusammen aus: **Einstellzeit** und **Abklingzeit.** Die Einstellzeit ist die Zeit, die bei einer momentanen Spannungsänderung ver-

Normales EKG

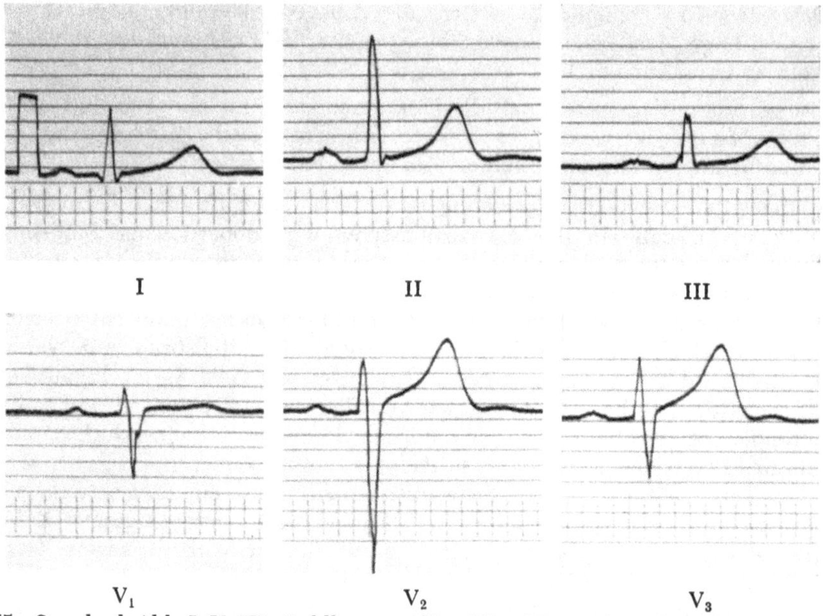

Abb. 75. Standard Abl. I II III Goldberger Abl. aVR aVL aVF Wilson BW Abl. V_1—V_6

geht, bis die Kurvenlinie parallel der isoelektrischen Linie verläuft. Bei trägheitslosen Geräten — Kathodenstrahloscillographen — ist die Kurve praktisch rechtwinklig und die **EZ** beträgt 0,005 sec. Die Dauer der **EZ** hängt vom Schreibsystem ab. Sie darf bei guten Verstärkern nicht mehr als 0,002—0,006 sec betragen. Als Abklingzeit **AZ** wird die Zeit bezeichnet, in der die Kurve auf etwa ein Drittel der ursprünglichen Ausschlagshöhe abgesunken ist. Je länger die Abklingzeit ist, um so günstiger ist es für die Ekg-Schreibung. Im allgemeinen beträgt sie bei guten Verstärkern 1,2 bis 2,5 sec. Herabgesetzte Abklingzeiten zeigen an, daß das Gerät nicht mehr einwandfrei arbeitet. Bei Geräten mit Anodenbatterien kann die AZ bei einer zu geringen Spannung der Anodenbatterie stark herabgesetzt sein. Diese drei Daten sind jederzeit nachprüfbar.

Bei Mehrkurven-Elektrokardiographen ist die Möglichkeit gegeben, gleichzeitig mit dem Ekg auch **Herzschallkurven (Phonokardiogramm)** sowie Venen- und Arterienpulskurven **(Arteriogramm-Phlebogramm)** aufzuzeichnen. Die Kombination von Ekg, Herzschall und Pulsen wird heute in ständig steigendem Maße angewendet und ergänzt die Diagnostik des Krankheitsbildes wesentlich.

Die Auswertung des Ekg's ist Aufgabe des Arztes. Das Kurvenbild zeigt die rhythmische Arbeit des Herzmuskels. Die Herzperiode oder **Herzrevolution** besteht aus zwei Teilen, der **Systole** und der **Diastole.** Die Systole (griechisch: Zusammenziehung) ist die Zeit, in der sich der Herzmuskel anspannt und kontrahiert. In der Systole wird die eigentliche Herzarbeit geleistet. Sie wird noch in mehrere Abschnitte unterteilt, die **Anspannungszeit** und die **Austreibungszeit** (siehe Abb. 69 Seite 55).

Während der Anspannungszeit strafft sich der Herzmuskel, ohne sich zusammenzuziehen (isometrische Kontraktionsphase). Der Muskel umspannt das in der Herzkammer befindliche Blut und bereitet sich mechanisch auf das unmittelbar darauffolgende Austreiben des Blutes in die Schlagadern vor.

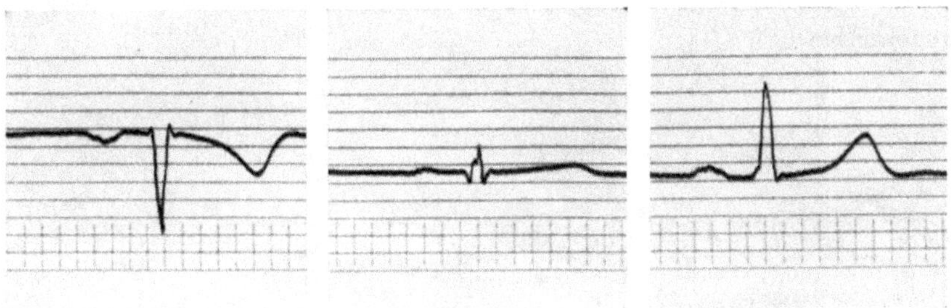

aVR aVL aVF

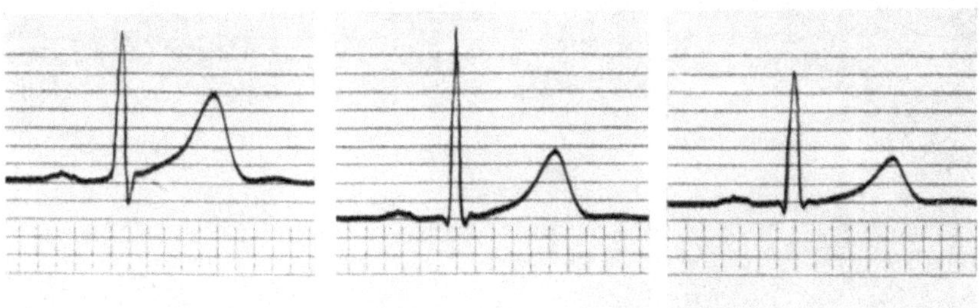

V_4 V_5 V_6

Charakteristische Arbeitsfehler: *) 1

a

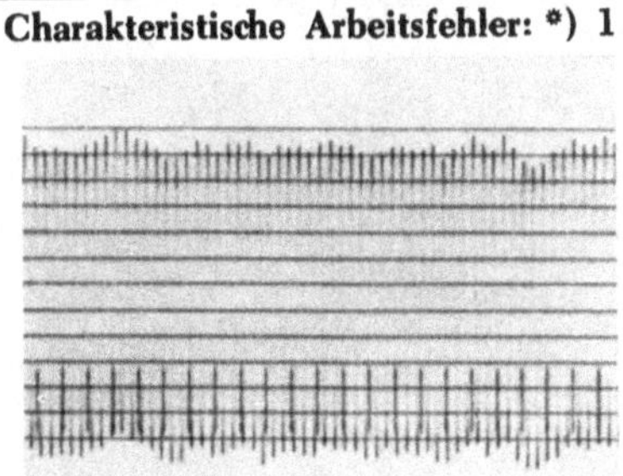

b

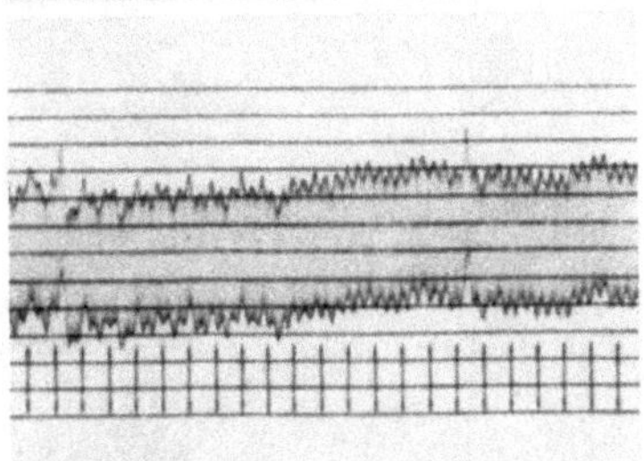

c

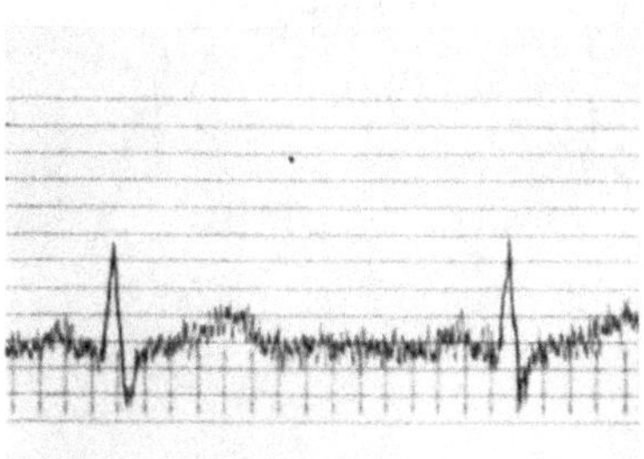

d

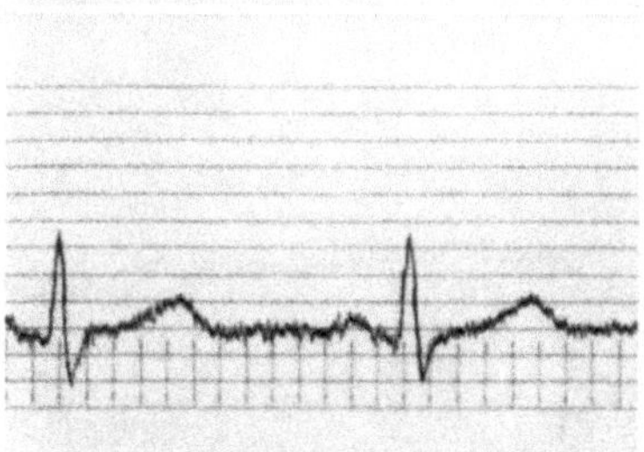

Abb. 76.

Muskelzittern
a) Abl. I: Elektrode am Unterarm
b) Abl. I: Elektrode am Oberarm

Wechselstrom
c) Abl. III ohne Anschluß der 3. Elektrode, **ohne** IV. Elektrode
d) Abl. III ohne Kontakt, **mit** IV. Elektrode

*) Die Kurven sind von Herrn Oberarzt Dr. H. Dietrich, Berlin, Krkhs. Hubertus, freundlicherweise zur Verfügung gestellt worden.

Charakteristische Arbeitsfehler: 2

Elektrodenanlage

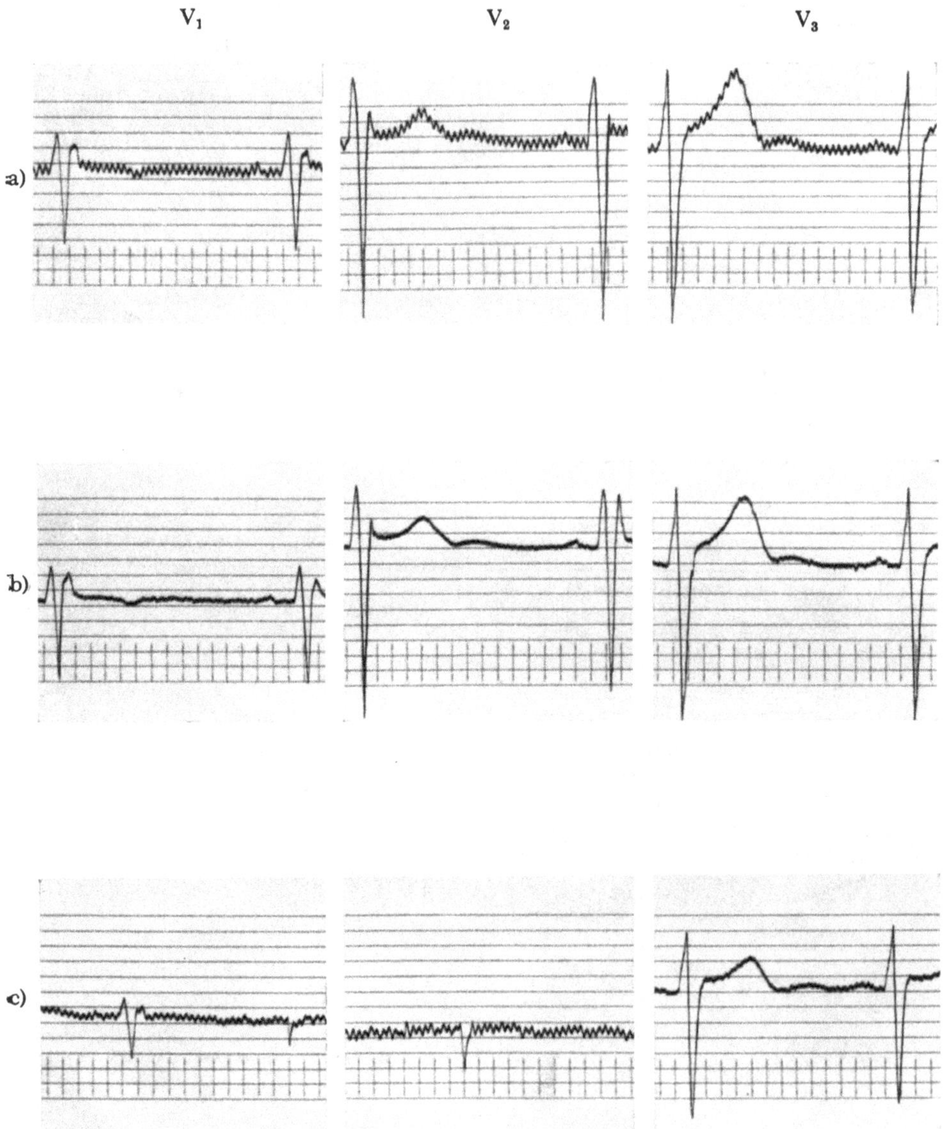

Abb. 77.

a) V_1—V_3 mit trockenem Kontakt, ohne Seife
b) V_1—V_3 mit richtigem Kontakt
c) V_1—V_3 ohne IV. Elektrode, sonst regulär

Charakteristische Arbeitsfehler: 3

Vertauschte Elektroden: A. Standardableitungen

a) Normale Abl.:
I — II — III

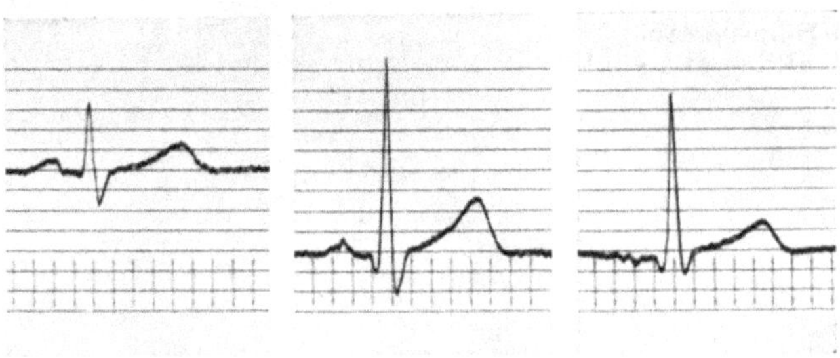

a)

b) I und II vertauscht:
II — I — III

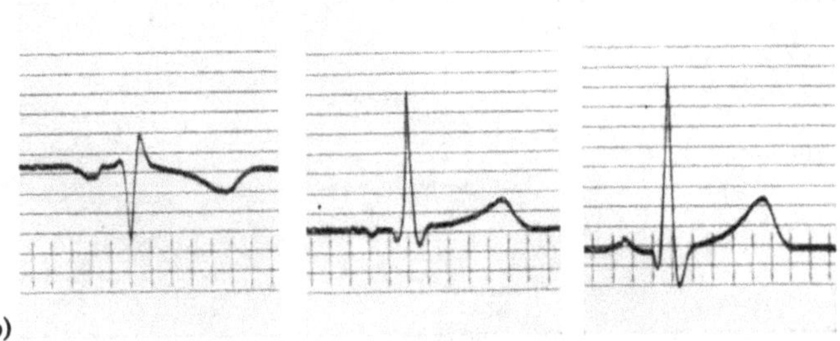

b)

c) II und III vertauscht:
I — III — II

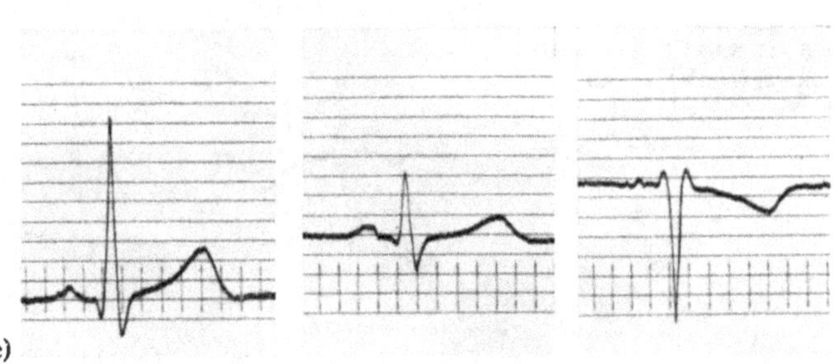

c)

d) I und III vertauscht:
III — II — I

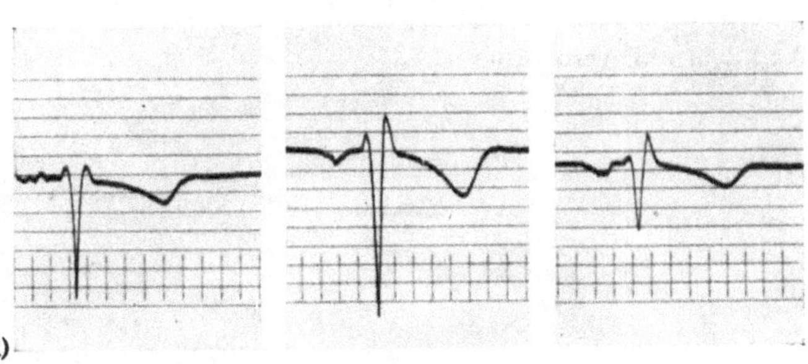

d)

Abb. 78.

Charakteristische Arbeitsfehler: 4

Vertauschte Elektroden: B. Goldberger Ableitungen

a) Normale Abl.:
aVR — aVL — aVF

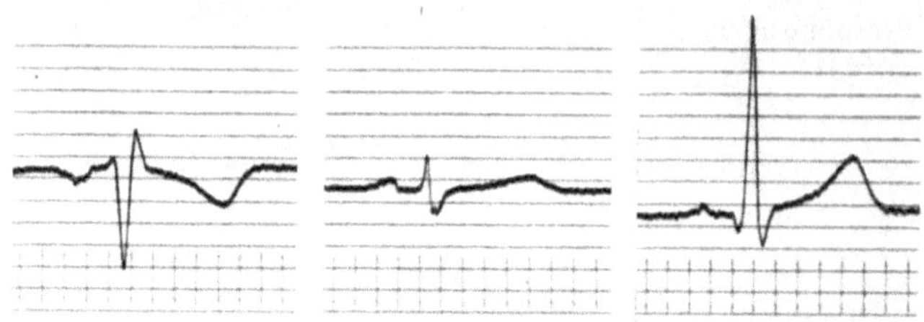

a)

b) aVR u. aVL vertauscht:
aVL — aVR — aVF

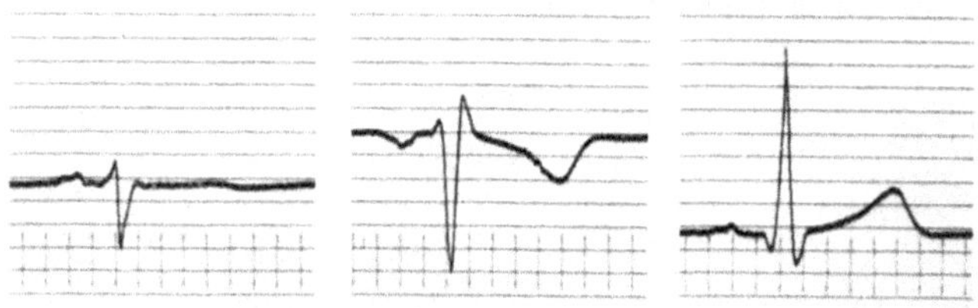

b)

c) aVL u. aVF vertauscht:
aVR — aVF — aVL

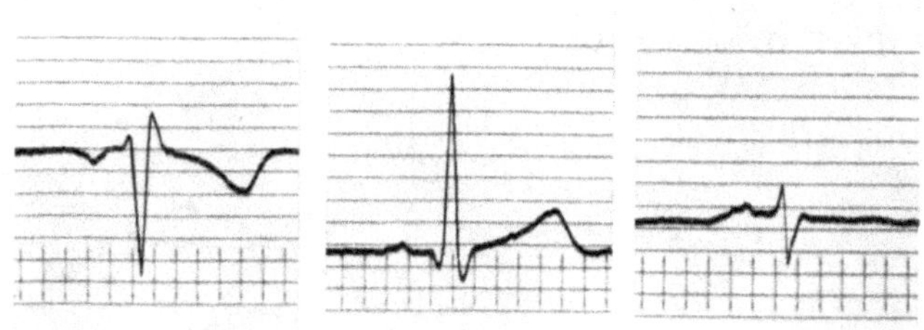

c)

d) aVR u. aVF vertauscht:
aVF — aVL — aVR

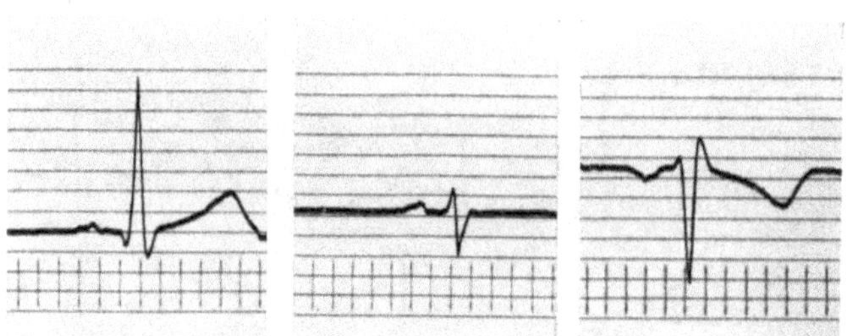

d)

Abb. 79.

Charakteristische Arbeitsfehler: 5

Vertauschte Elektroden: C. Brustwandableitungen

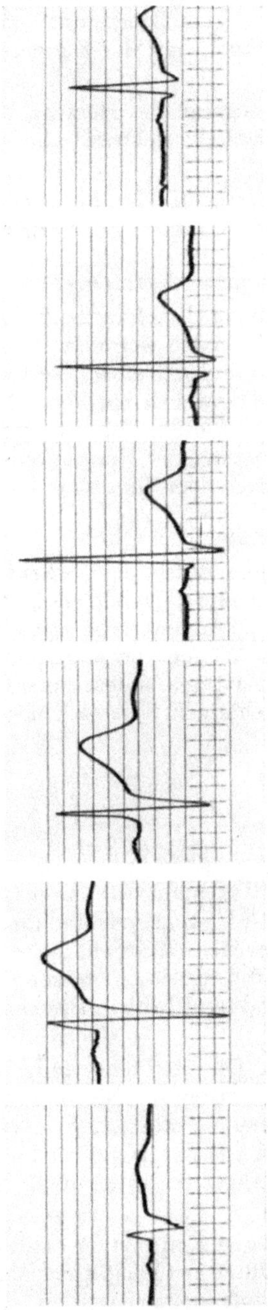

V_1—V_6 normal abgeleitet

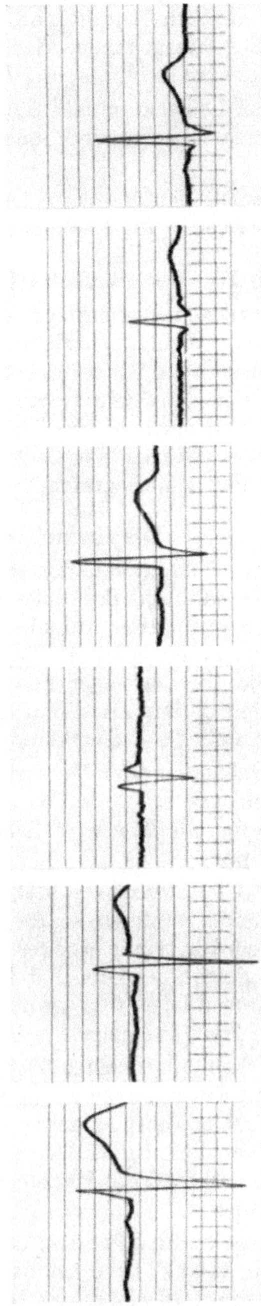

V_1 und V_3 vertauscht

V_5 und V_6 vertauscht

Abb. 80.

5*

In der nun folgenden Austreibungszeit wirft der Herzmuskel das in der Kammer befindliche Blut gegen den in den herznahen arteriellen Gefäßen bestehenden diastolischen Druck aus. Die Austreibungszeit ist beendet, wenn kein Blut mehr in die Arterien befördert wird. Zur gleichen Zeit ist auch die Erregung im Herzmuskel abgeklungen, was sich im Ekg des Herzgesunden dadurch abzeichnet, daß der Kurvenzug von der T-Zacke in die isoelektrische Linie zurückkehrt.

Der erste Teil der Diastole umfaßt die **Entspannungszeit** des Herzens, während der alle Herzklappen geschlossen sind, und im Normalfall elektrisch und mechanisch Ruhe herrscht.

In der **Füllungszeit,** dem zweiten Teil der Diastole, erfolgt das Einströmen des Blutes aus den Vorhöfen in die Kammern sowie die Kontraktion der Vorhöfe.

d) Die Herzschallschreibung — Phonokardiographie

Das **Phonokardiogramm** ist die graphische Darstellung des Herzschalls. Die während der Herztätigkeit am Herzen auftretenden Schallphänomene werden mit einem Mikrophon an der Brustwand des Patienten aufgenommen und mit einem besonderen Herzschallverstärker, der in den Mehrkurven-Elektrokardiographen eingebaut ist, verstärkt und wie ein Ekg aufgezeichnet. Der Herzschall wird gleichzeitig mit einem Ekg geschrieben, so daß sich zwischen der elektrischen Äußerung der Herzaktion = Ekg und der akustischen = Phonokardiogramm zeitliche Beziehungen herstellen lassen.

Die Entstehung des Herzschalls

Das Herz ist ein Hohlmuskel, dessen Innenräume durch eine Scheidewand verbindungslos in zwei Hälften, das linke und rechte Herz, geteilt sind. Beide Herzhälften haben die gemeinsame Aufgabe, das Blut in ununterbrochenem Umlauf zu erhalten. Die Herzkammern sind Hohlräume, deren Wände von kräftiger Muskulatur gebildet werden. Sie üben die eigentliche Pumptätigkeit aus, indem sie sich periodisch zusammenziehen und dadurch das Blut in die zugehörigen Schlagadern pressen. Die Ventile der Pumpe sind die **4 Herzklappen:**

1. Tricuspidalklappe oder Dreizipfelklappe,
2. Pulmonalklappe
3. Mitralklappe oder Zweizipfelklappe,
4. Aortenklappe.

Die notwendige Gleichförmigkeit der Strömung verlangt, daß in gleichen Zeiten beide Kammern gleiche Blutmengen fördern. Es wird damit verständlich, daß beide Kammern in gleichem Rhythmus arbeiten und daß jeweils 2 Klappen, die in den beiden Herzkammern die gleiche Funktion haben, gleichzeitig in Aktion treten. Zu bestimmten Zeiten eines Herzschlages sind an der Brustwand akustische Erscheinungen wahrzunehmen, die man Herztöne nennt.

Der **Herzton** ist kein physikalisch klarer Begriff. Die Herztöne sind Tongemische und enthalten auch Schwingungen so niedriger Frequenzen, daß sie vom menschlichen Ohr als Töne nicht mehr wahrgenommen werden können. Pathologische Schallvorgänge werden als **Geräusche** bezeichnet. Der Frequenzbereich der Herztöne liegt zwischen ca. 10 und 300 Hz, während die Herzgeräusche Frequenzen bis zu 1000 Hz und darüber aufweisen können.

Man kann e i n e n V o r h o f s t o n , durch die rasche Kontraktion des Vorhofs verursacht, und z w e i H e r z t ö n e unterscheiden. Unter pathologischen Verhältnissen und bei Kindern kann noch ein dritter Herzton wahrgenommen werden.

Der **1. Herzton** setzt mit dem Zeitpunkt der Drucksteigerung in den Kammern ein, wenn die Atrioventrikularklappen geschlossen sind, deren Schließung l a u t l o s erfolgt.

Der plötzliche Übergang des Herzmuskels von der diastolischen Ruhe zur systolischen Anspannung erzeugt Eigenschwingungen der Kammerwandungen einschl. des in den Herzkammern befindlichen Blutes. Diese Eigenschwingungen verursachen den 1. Herzton (Muskelton).

Den **2. Herzton** vernimmt man unmittelbar nach Beendigung der Austreibungsphase. Er entsteht im Anfangsteil der Aorta und der Lungenarterie durch den hohen systolischen Druck dort und klingt rasch ab (Klappenton).

Der **3. Herzton** entsteht bei der Öffnung der A-V.-Klappen während der Kammerfüllung. Er hat aber so niederfrequente Schwingungen, daß er normalerweise nicht zu hören ist.

Durch pathologische Veränderungen im Funktionsablauf entstehen die Herzgeräusche, die nach dem Zeitpunkt ihres Auftretens als **„präsystolische"**, **„systolische"**, **„diastolische"** oder **„protodiastolische"** Geräusche bezeichnet werden. Die Herzgeräusche zeigen charakteristische Merkmale bei Herzerkrankungen. Ihre Erfassung ist eine der wichtigsten Aufgaben der Herzschallaufnahme.

Die Herztöne können als mechanische Brustwandschwingungen wahrgenommen werden, die sich entweder direkt oder über den Zwischenträger Luft auf ein Mikrophon übertragen lassen. Das Mikrophon wandelt die mechanischen Schwingungen in elektrische Weschselspannung um. Da die am Mikrophon auftretenden Spannungen meist kleiner sind als die Aktionsspannungen bei der Aufnahme eines Ekg's, reicht die Verstärkung eines normalen Ekg-Verstärkers nicht aus, so daß die Vorverstärkung der Mikrophonspannung in einem eigens dazu konstruierten Herzschallvorverstärker vorgenommen werden muß.

Moderne Herzschallverstärker haben verschiedene, einstellbare **„Abstimmungen"**, die es ermöglichen, den Herzschall in definierten Frequenzbereichen zu registrieren. Die **tiefe** oder **amplitudentreue Abstimmung** verstärkt alle Schallfrequenzen gleichmäßig. Die Schallkurve zeigt dann alle Schwingungen der Brustwand einschließlich der nicht mehr hörbaren niederfrequenten. Man bezeichnet die Kurve als **„Herzton tief"**, weil die niedrigen Frequenzen das Kurvenbild durch ihre größeren Amplituden beherrschen. Aber das so aufgenommene Bild des Herzschalls entspricht n i c h t dem Gehöreindruck!

Die **stethoskopische** oder **gehörähnliche** Abstimmung verstärkt die Schwingungen höherer Frequenz erheblich stärker als die niedrigen Frequenzen, weil das menschliche Ohr subjektiv einen höheren Ton lauter empfindet als einen tieferen. Es gibt noch eine **logarithmische** Abstimmung des Verstärkers, bei der die Kurve nur Schwingungen hoher Frequenz zeigt, während die mittleren Frequenzen nur angedeutet und die tiefen ganz unterdrückt werden. Dieses Klangbild **„Herzton hoch"** dient besonders zur Deutung pathologischer Herzgeräusche.

Herzschallaufnahmen müssen in einem möglichst ruhigen Raum ausgeführt werden, da alle Geräusche, die eine bestimmte Lautstärke überschreiten, vom Mikrophon als Störgeräusche aufgenommen und der Herzschallkurve überlagert werden.

Die Abnahmestellen am Thorax bestimmt der Arzt. Das Herzschallmikrophon wird dort mit einem Gummiband oder mittels Stativ leicht befestigt, so daß es durch Atmung oder Bewegung des Patienten nicht von der Brustwand abgleiten kann. Störende Raumgeräusche können durch Abdecken des Mikrophons mit einem kleinen Sandsäckchen oder mit einem schallabsorbierenden Kissen vermieden werden. Der Herzschallverstärker muß auf dem geringsten Wert stehen, der dazugehörige Lichtpunkt bewegt sich noch nicht. Man reguliert nun erst die Lichtpunkte der Ekg-Galvanometer auf der Mattscheibe so ein, daß alle Kurven gut auf dem Registrierstreifen Platz haben. Erst dann wird die Herzschallverstärkung reguliert bis zu einem

Amplitudenausschlag von ca. 8—12 mm. Vor dem Umschalten des Herzverstärkers auf eine andere Abstimmung wird die Empfindlichkeit wieder ganz zurückgedreht und dann, nach Umschalten auf die gewünschte neue Abstimmung wieder neu einreguliert. Während der Herzschallaufnahmen soll im Raum absolute Ruhe herrschen, am besten aus Atemstillstand des Patienten!

Die **Auswertung der Herzschallkurven** ist wie beim Ekg Sache des Arztes. Die zeitliche Beziehung zwischen dem Herzschall und den gleichzeitig geschriebenen Ekg- und Pulskurven ist diagnostisch aufschlußreich. Die Dauer des ersten und zweiten Herztones sowie die Geräusche, die sich zeitlich entweder in die Systole oder in die Diastole einordnen lassen, geben Auskunft über die mechanische Funktion des Herzmuskels

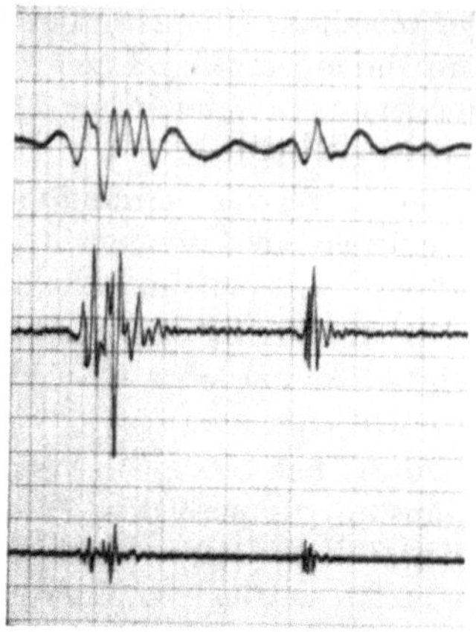

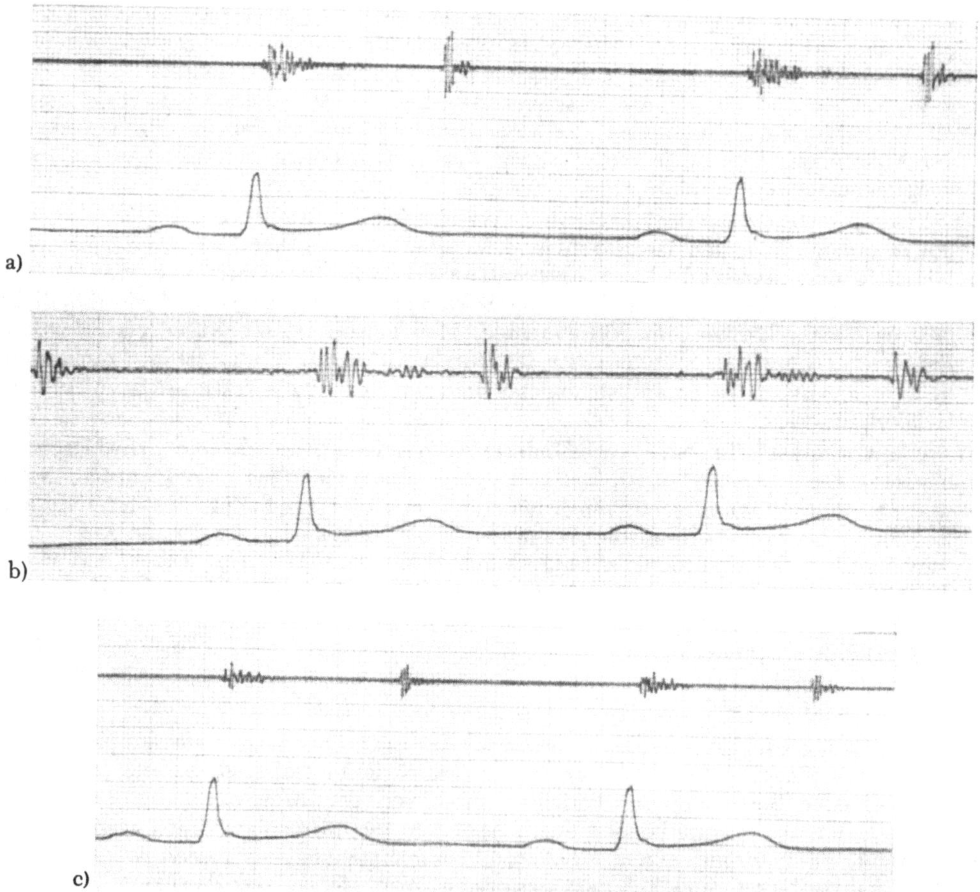

Abb. 82. Herzschallkurven synchron registriert mit Ekg-Abl. II mit dem Düsendirektschreiber Mingograph 21 (Siemens). — a) tiefe Abstimmung, b) stethoskopische Abstimmung, c) eine hohe Abstimmung.

b) 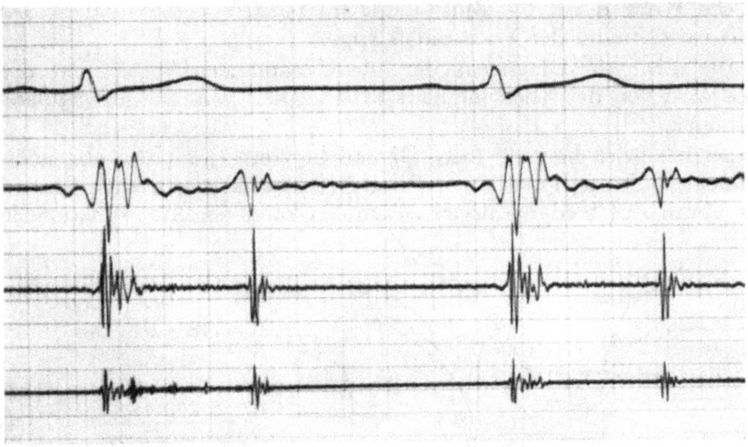

Abb. 81 a und b. Herzschall registriert mit dem Universal-EK „Modell Klinik“ in den 3 Abstimmungen mit Ekg Abl. I. Papiergeschwindigkeit 100 mm/s. — li: ohne Ekg.

und der Klappen sowie über die hämodynamischen Verhältnisse am Herzen. Die Herzgeräusche werden nach ihrer relativen Lautstärke bezüglich der beiden Herztöne begutachtet und ebenso wie die Herztöne auf ihren Frequenzinhalt analysiert. Crescendo und Decrescendo der Geräusche weisen auf histologische Besonderheiten der Herzklappen hin. Bei hämodynamischen Untersuchungen dient der Herzschall zur Abgrenzung wichtiger Phasen der Herzrevolution.

e) Arterio- und Phlebogramm

Arterien und Venen unterscheiden sich im Bau ihrer Wandungen entsprechend ihrer Funktion. Arterien führen vom Herzen fort und haben feste, wenig elastische Wandungen, so daß in ihnen während der Systole der Druck ansteigt. Die Venen führen das Blut zum Herzen hin und stehen unter relativ geringem Druck. Bei Füllung der Venen weicht die sehr elastische Venenwand aus, das Gefäß verdickt sich, ohne daß der Druck ansteigt. Man unterscheidet daher einen **arteriellen Druckpuls** und einen **venösen Volumenpuls.**

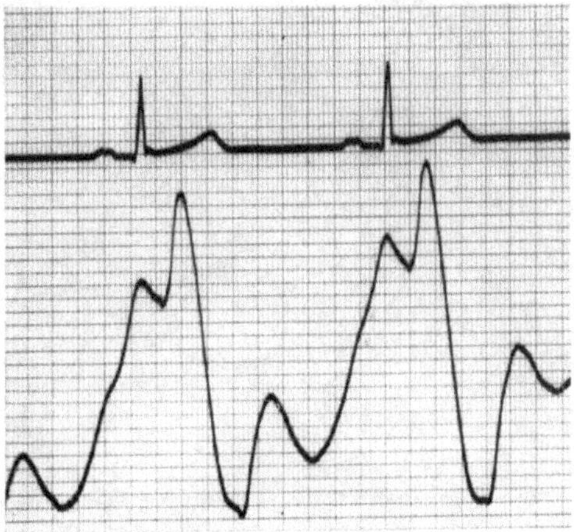

Abb. 83. Venenpulskurve (V. jugularis) mit Ekg Abl. II. (EK Modell Klinik, Siemens)

Eine Venenpulskurve zeigt mehrere „Wellen“: eine **präsystolische Welle,** kurz vor Beginn des 1. Herztones, die der Vorhofskontraktion entspricht. Darauf folgt nach geringem Kurvenabstieg die höhere **systolische Welle,** die aber nicht im Venensystem entsteht, sondern durch die Pulsation benachbarter Arterien hervorgerufen wird. Dann fällt die Kurve steil ab — **systolischer Kollaps** — infolge des Kollabierens der Venenwand. Es folgt eine 3. kleinere Erhebung der

Kurve, die **diastolische Welle** durch die Blutstauung im rechten Vorhof und in den herznahen Venen bis zur Öffnung der Tricuspidalklappe.

Die Venenpulskurve dient zur Diagnostik der hämodynamischen Verhältnisse des rechten Herzens. Sie wird von der Vena jugularis externa oder vom Bulbus jugularis (s Abb. 83) abgenommen.

Der arterielle Druckpuls wird herznah (zentral) und herzfern (peripher) abgenommen. Die Kurven unterscheiden sich zeitlich und den Druckverhältnissen entsprechend auch etwas in ihrer Form. Aus beiden Kurven zusammen kann der Arzt funktionelle Schlüsse ziehen.

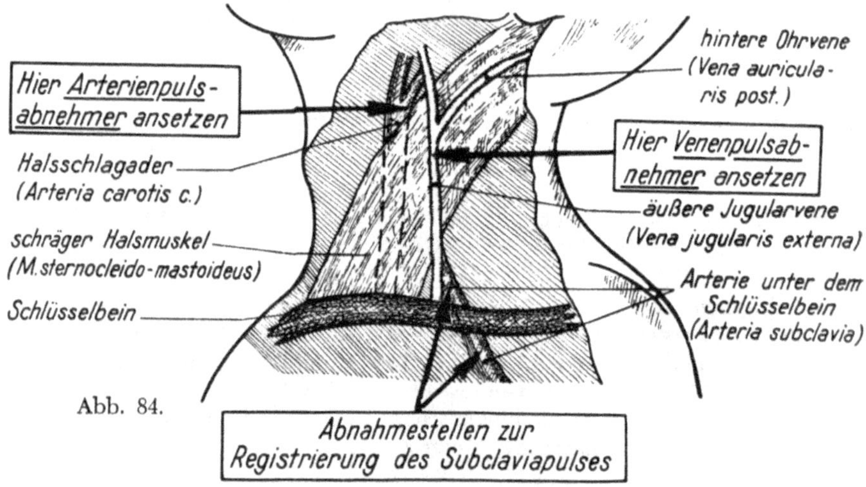

Abb. 84.

Der herznahe Arterienpuls wird von der Arteria carotis communis oder von der Arteria subclavia abgenommen; der herzferne Arterienpuls läßt sich am besten von der Arteria femoralis ableiten, die in der Leistenbeuge gut zu fühlen ist.

Die **Arterienpulskurve** zeigt einen steilen **systolischen Anstieg,** der der Austreibung des Kammerinhaltes in die Arterien entspricht nach Beendigung dieses Vorganges

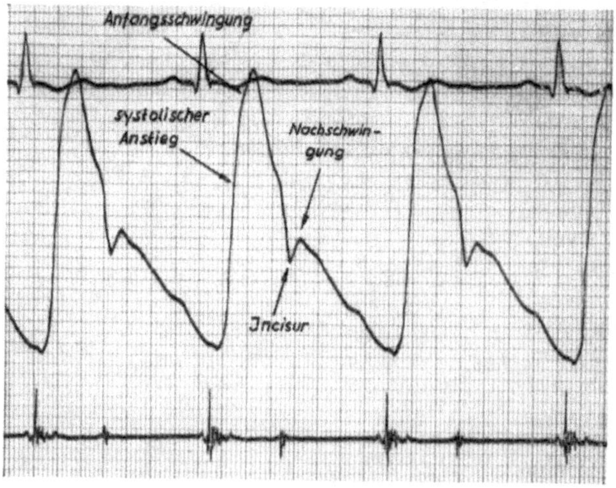

Abb. 85. Herznaher Arterienpuls, A. carotis, mit Ekg und Herzschall gehörähnlicher Abstimmung

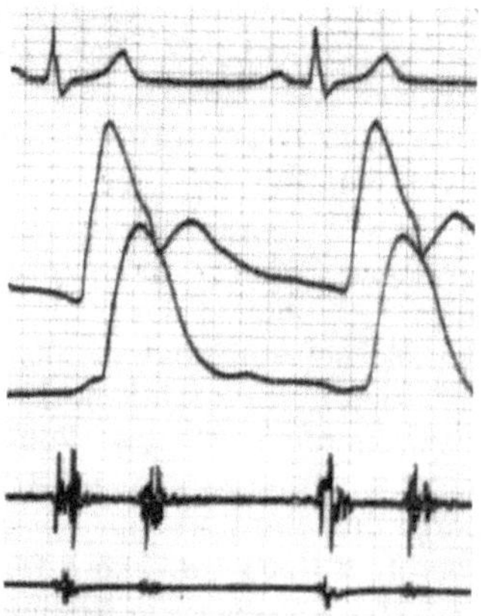

a)

Abb. 86.
Erklärung siehe nächste Seite.

sinkt der Druck und die Kurve fällt wieder ab bis zur **Incisur** bei Schluß der Aortenklappe, der sich eine geringe Nachschwankung anschließt.

Die periphere Kurve ist nicht mehr so ausgeprägt, weil die Druckwelle sich auf dem Wege zu den herzfernen Arterien gewissermaßen schon abgeschliffen hat.

Die Registrierung der mechanischen Druckänderungen kann unter Ausnutzung des piezoelektrischen Effektes (s. S. 45) — Umwandlung mechanischer in elektrische Energie — erfolgen oder mit Hilfe elektrostatischer Pulsabnehmer (Prinzip des Kondensatormikrophons), die unter dem Namen **Infraton-Geräte** bekannt sind.

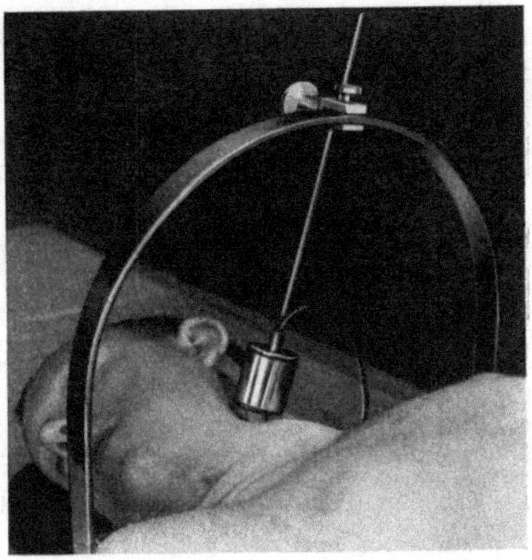

Abb. 85 a. Abnahme des Arterienpulses an der A. carotis bei liegendem Patienten

Ein piezoelektrischer Arterienpulsabnehmer enthält ein Seignettesalzkristall. Mit einer kegelförmigen Korkplatte wird die Pulsation auf eine Membranfeder und von dieser über einen Biegearm auf den Kristall übertragen. Der Abnehmer muß mit einem gewissen Druck auf die Haut aufgesetzt werden.

Der Venenpulsabnehmer ist äußerlich und im Prinzip gleich gebaut, nur muß der Auflagedruck fortfallen, da sonst die Venenwand an ihrer Pulsation gehindert werden würde (und damit Verfälschung der Kurve — Volumenpuls!). In diesem Abnehmer befindet sich k e i n e Dämpfungsfeder. Beide Abnehmer werden mit einem dazugehörigen Stativ verwendet.

Aufnahme der Pulskurven: Der Patient muß völlig entspannt und bequem gelagert sein und soll 10—15 Min. vor der Abnahme ruhen. Der Bügel des Stativs wird über die Abnahmestelle gebracht und der betr. Abnehmer daran befestigt (s. Abb. 85 a).

Der Venenpulsabnehmer wird ganz leicht auf die Stelle aufgesetzt, an der man die kräftigste Pulsation sieht, wobei darauf zu achten ist, daß das Tastplättchen parallel zur Haut liegt und während der Pulsation die Verbindung mit der Haut nicht verliert.

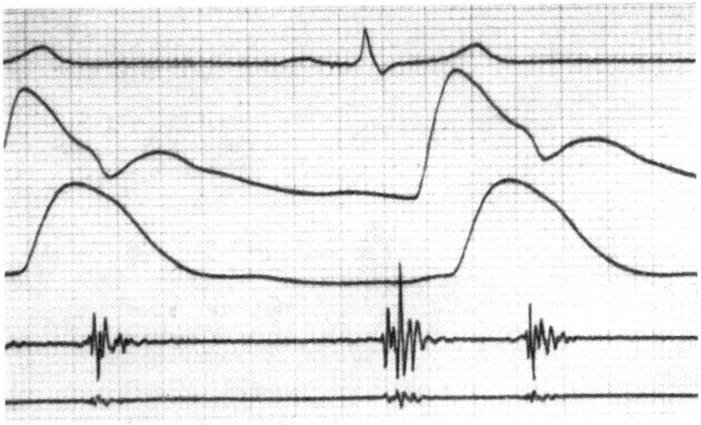

b)

Abb. 86 a und b. Pulskurven der A. carotis und A. femoralis synchron registiert mit Ekg und Herzschall in 2 Abstimmungen. Papiergeschwindigkeit a) 40 mm/s; b) 100 mm/s.

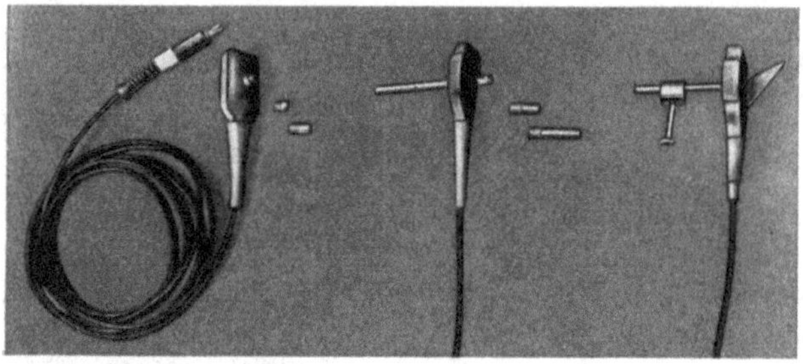

Abb. 87. Infrarot-Pulsabnehmer System Boucke.
A: Arterienpulsabnehmer mit auswechselbarem Fühlstift für A. carotis oder A. der Extremitäten. — B: Pulsabnehmer für A. subclavia oder A. femoralis mit rückseitigem Haltestab und auswechselbarem Fühlstift. — C: Venenpulsabnehmer mit Schwammgummifühler und rückseitigem Haltestab.

Der Arterienpulsabnehmer wird fest mit der Korkspitze aufgesetzt, so daß die Spitze die Arterie tastet, und in dieser Lage am Stativ arretiert. Es ist unzweckmäßig, die Abnehmer mit der Hand zu halten!

Es ist wichtig zu beachten, daß die Pulsabnehmer sehr empfindlich gegen Stoß und Schlag sind! Heruntergefallene Abnehmer verlieren oft ihre Empfindlichkeit ganz durch Beschädigung des Kristallplättchens. Sie dürfen auch nicht zu hohen Temperaturen ausgesetzt werden. Darum nicht auf Heizkörper — Zentralheizung! — legen!

Die Pulskurven werden nach ihrer Form und ihrem zeitlichen Verlauf ausgewertet, daher erübrigt sich eine Eichung.

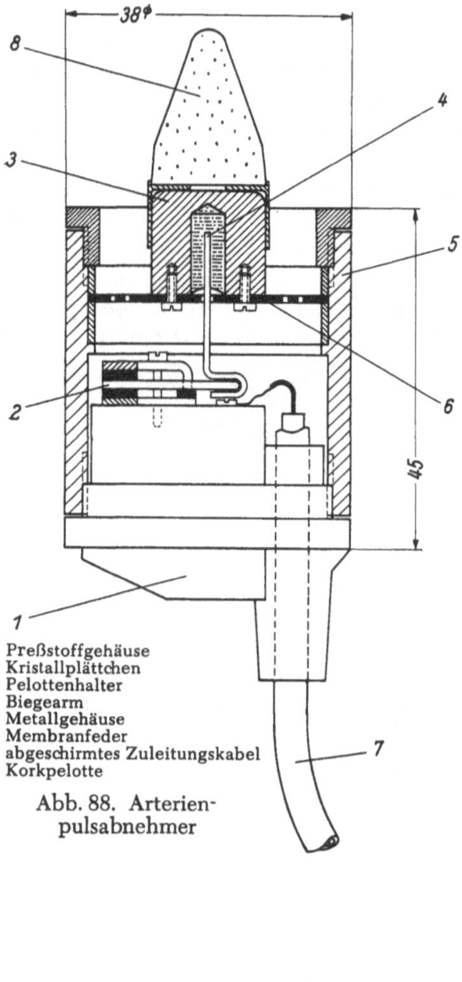

1 Preßstoffgehäuse
2 Kristallplättchen
3 Pelottenhalter
4 Biegearm
5 Metallgehäuse
6 Membranfeder
7 abgeschirmtes Zuleitungskabel
8 Korkpelotte

Abb. 88. Arterienpulsabnehmer

Zur **Bestimmung von Kreislaufgrößen** werden Arterienpuls, Ekg und Herzschall gleichzeitig und mit hoher Ablaufsgeschwindigkeit aufgenommen und dann die Werte für **Systolendauer, Anspannungs- und Austreibungszeit** ermittelt. Man schreibt dazu das Ekg in der

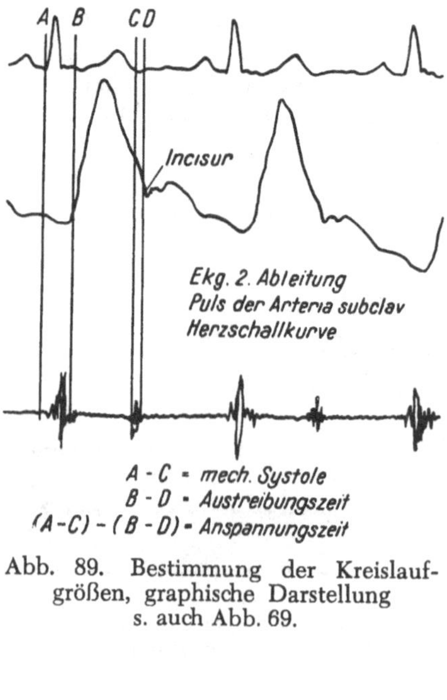

Abb. 89. Bestimmung der Kreislaufgrößen, graphische Darstellung s. auch Abb. 69.

Abl. II, den Carotispuls und den Herzschall. Das **Verfahren nach Blumberger** bestimmt

1. **die Austreibungszeit,** die der Arterienpulskurve entnommen wird: vom Anstieg bis zur Incisur.
2. **die Systolendauer:** vom Beginn Q bis zum 2. Herzton.
3. **die Anspannungszeit** wird ermittelt durch die Subtraktion der Austreibungszeit von der Systolendauer.

II. Elektroencephalographie

Die Tatsache, daß man auch von der Großhirnrinde sowohl in Ruhe als auch nach Reizung mit feinsten Meßgeräten Ströme ableiten kann, hat der englische Physiologe *Caton* 1874 an Tierversuchen nachgewiesen. Nach vielen weiteren Versuchen ist es 1926 dem Jenaer Psychiater Hans *Berger* gelungen, durch die Kopfhaut und die Schädeldecke hindurch Potentiale abzuleiten. Die Veröffentlichung erfolgte erst 1929. Die Schwierigkeiten waren vor allem technischer Art, da die Amplitudengröße nur etwa $^1/_{20}$ der einer Ekg-Zacke beträgt und eine weit höhere Verstärkung erfordert. Damit aber wächst der Einfluß von Fremdstörungen auf die Kurve erheblich. Seitdem es mit Hilfe von Elektronenröhren gelungen ist, durch eine stufenweise Verstärkung und mit Frequenzblenden stabile, gleichmäßige Kurven zu schreiben, gewann die **Hirnstromtechnik** als Standarduntersuchung Weltbedeutung in der Diagnostik der Epilepsie, der Hirntumoren und der Hirnverletzungen (Zunahme durch Unfälle), ferner in der Hirnforschung, z. B. Einfluß der Sauerstoffzufuhr, Giftwirkungen.

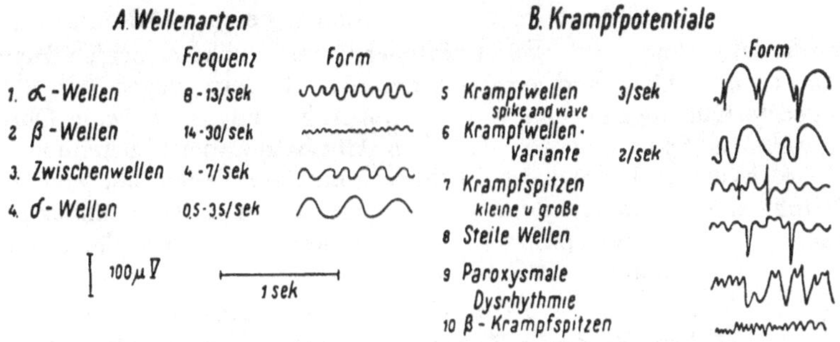

Abb. 90. Die wichtigsten Formen des EEG (nach R. Jung)

Die von der Kopfschwarte abgeleiteten Hirnströme weisen Schwankungen mit Frequenzen zwischen 0—40 Hz pro sec auf. Sie werden eingeteilt in

β-Wellen	mit 40—13 Hz,	Amplitude ca.	20 μV
α-Wellen	„ 12— 8 Hz,	„ „	80 μV
ϑ-Wellen	„ 7— 4 Hz,	„ „	100 μV
δ-Wellen	„ 4—0,5 Hz,	„ „	250 μV

Der Wellenrhythmus nimmt an Amplitude von frontal nach occipital zu. Auf einen Sinnesreiz hin (z. B. Augen öffnen) werden die Wellen wesentlich kleiner und die schnelleren β-Wellen treten deutlicher hervor.

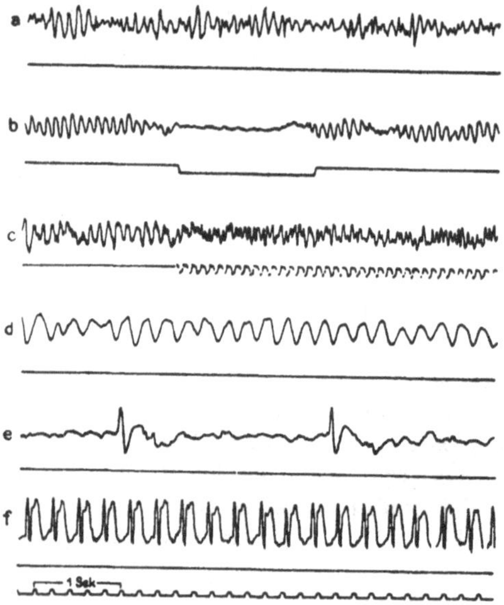

Abb. 91. Encephalogramme.

a) normale und Wellen (große und kleine Schwankungen); b) Beeinflussung durch Augenöffnen; c) Aktionsströme auf Sinnesreize; d) Abnorm träge Potentialschwankung eines Hirnkranken; e) Krampfströme bei Epilepsie; f) Krampfströme während eines Anfalles.

Zur Ableitung der Hirnströme werden heute Geräte verwendet mit mehreren Verstärkerstufen in Gegentaktschaltung zur weitgehenden Ausschaltung von Störströmen. Sie enthalten 4—12 Ableitungskanäle für entsprechend viele gleichzeitig zu schreibende Ableitungen. Jeder Kanal hat zwei Ableitungsschalter, die auf je 24 Einstellungen geschaltet werden können.

Die **Ableitetechnik** ist schon von *Berger* angegeben und dann von *Kornmüller* und *Jung* erweitert und verbessert worden. Man unterscheidet unipolare und bipolare Ableitungen. Bei **unipolaren Ableitungen** wird ein Punkt der Hirnrinde gegen ein Ohrläppchen oder gegen die Nase abgeleitet, obgleich diese elektrisch nicht ganz inaktiv sind, aber man erhält vorwiegend die Spannung der Hirnelektrode mit größeren Amplituden. Zur Vermeidung von Störpotentialen wird der Patient mittels einer besonderen Elektrode geerdet. Bei der **bipolaren Ableitung** handelt es sich um Ableitungen von entsprechenden Punkten beider Hirnhälften, mit denen sich Herdlokalisationen besser durchführen lassen.

Die **Standardableitung** wird von 4 symmetrischen Punkten beider Hemisphären frontal, präzentral, zentral und occipital nacheinander erst gegen das linke, dann gegen das rechte Ohr abgeleitet. Die getrennte Ableitung gegen beide Ohren ist erforderlich, weil die Spannung der ohrnahen Hirnhälfte meist gegenüber der ohrferneren Seite etwas herabgesetzt ist. Nach der unipolaren Ableitung werden bipolare **Reihenableitungen** im Seitenvergleich vorgenommen, wobei die Spannung zwischen zwei Ableitepunkten um so größer ist, je weiter die beiden Punkte voneinander entfernt sind.

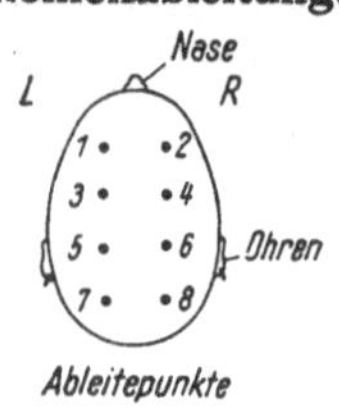

Abb. 92.

Die Ableitepunkte auf der Schädelkonvexität werden **links** mit den Zahlen **1—3—5—7, rechts** mit den Zahlen **2—4—6—8** bezeichnet.

Die größten Amplituden ergeben die Ableitungen frontal—occipital, womit eine ganze Hirnhälfte erfaßt wird. Teilableitungen davon, z. B. präzentral—zentral (3—5 und 2—4) zeigen krankhafte Störungen deutlicher.

An die uni- und bipolaren Ableitungen werden anschließend noch vergleichende Untersuchungen aller Ableitepunkte der linken und rechten Hirnhälfte isoliert gegen die jeweils ohrnahe Elektrode durchgeführt. Um noch feinere Abweichungen zu erfassen, kann man von 10 oder noch mehr Punktpaaren und auch in Querreihen ableiten.

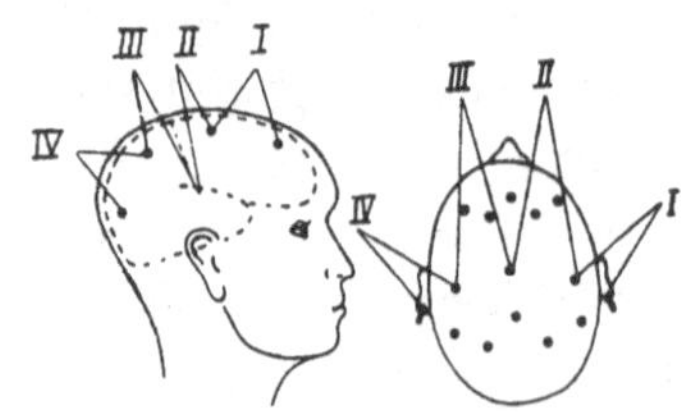

Abb. 93. Schema von bipolaren Längs- u. Querreihenableitungen

Normalerweise zeigen symmetrische Punkte links und rechts ziemlich gleiche Kurven, die parietal und occipital physiologisch bedingte Abweichungen zeigen können, infolge Dominanz einer Hirnhälfte (Rechts- oder Linkshänder!). Das normale Hirnstrombild zeigt occipital α-Wellen mit 8—12 Hz/sec, nach frontal zu nimmt die Frequenz zu, es treten β-Wellen auf mit Frequenzen bis zu 40 Hz/sec, entweder gemischt mit α-Wellen oder auch reine β-Wellen.

Die Spannungskurven zeigen in Ruhe mit geschlossenen Augen aufgenommen bei Einwirkung von Sinnesreizen (Licht, Schall, Nadelstiche, Anspannung der Aufmerksamkeit) eine deutliche Reduktion, besonders der occipitalen α-Wellen. Es treten dafür β-Wellen mit kleinerer Amplitude auf, die nach Aufhören des Reizes wieder verschwinden. Anschließend zeigen sich für einige Sekunden dann α-Wellen mit größerer Amplitude. Durch medikamentöse Beeinflussung oder Hyperventilation kann man die Reaktion des Hirnstrombildes prüfen (HV-Provokation). Theta-Wellen mit 5—7 Hz/sec finden sich bei Gesunden nur in Ermüdungszuständen und im Schlaf.

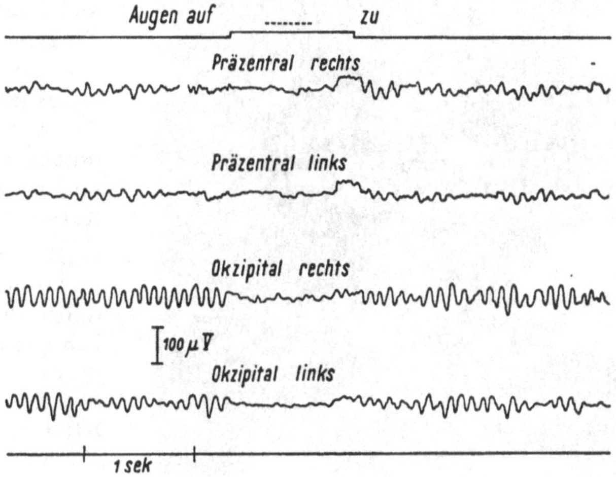

Abb. 94. Normales EEG. Amplituden nehmen nach occipital zu. Charakteristische Blockierung des α-Rhythmus beim Augenöffnen.

Das Hirnstrombild ist stark abhängig vom jeweiligen Zustand des Patienten. Bei Müdigkeit sind die Amplituden kleiner, weniger α-Wellen, aber bei Sinnesreizen zeigt sich für kurze Zeit eine normale Spannungreaktion im Gegensatz zu pathologischen Fällen. Während des Schlafes zeigen sich große, träge Schwankungen, die ebenfalls auf optische oder akustische Reize mit einem normalen Bild reagieren, während das bei Narkosen z. B. nicht der Fall ist.

Im Laufe des Lebens verändert sich das Hirnstrombild des Menschen. Es beginnt mit 6 Monaten mit sehr langsamen Frequenzen, wird nach $^1/_2$ Jahr lebhafter und erreicht etwa mit dem 12. Lebensjahr das Hirnstrombild des Erwachsenen. Im ganzen ist aber das kindliche EEG. labiler und empfindlicher.

Die **Aufnahme eines EEG's** beginnt mit der Anlage der Elektroden. Für ein seitengleiches EEG ist die genau symmetrische Lage der Elektroden = der Ableitepunkte notwendige Voraussetzung. Die Ableitepunkte werden mit einem Zirkel frontal und präzentral in ihrem Abstand von der Nasenwurzel und der Medianlinie, zentral vom äußeren Gehörgang und occipital von der Protuberantia occipitalis externa vermessen und protokollarisch festgelegt. Auch der Abstand der Elektroden voneinander muß paarweise gemessen und angeglichen werden, da schon Lageunterschiede von 1 cm bei bipolaren Ableitungen Seitendifferenzen der Hirnstromtätigkeit vortäuschen können.

Man benutzt kleine runde Elektroden aus Silber oder nichtrostendem Material, die mit Leinen oder Molton überzogen werden und mit konz. Kochsalzlösung zur Überwindung des Haut-Elektrodenwiderstandes durchfeuchtet sein müssen. Bei länger dauernden Ableitungen muß mit einer Injektionsspritze mit NaCl-Lösung nachgefeuchtet werden, es muß sehr sorgfältig geschehen, damit nicht durch zuviel Feuchtigkeit auf der Kopfhaut ein Kurzschluß zwischen zwei Elektroden entsteht und auf der Kurve eine Spannungsreduktion vorgetäuscht wird. Durch Austrocknen des Elektrodenüberzuges erhöht sich der Übergangswiderstand und es kann dann Wechselstrom in die Kurve hineinkommen.

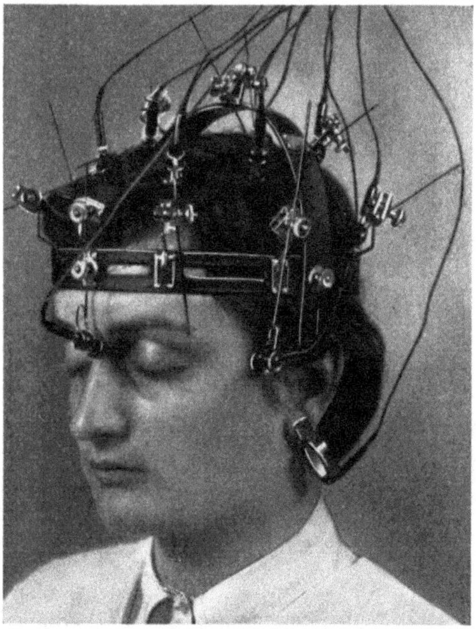

Abb. 95. Kopfhaube nach Kornmüller

Die Elektroden werden mittels einer Elektrodenhaube nach *Kornmüller* oder durch Gummibänder nach Beiseiteschieben der Haare fest an die Kopfhaut angedrückt. Bei fettiger Kopfhaut empfiehlt es sich, mit Äther oder Alkohol zu entfetten und lokal mit Kochsalzlösung einzureiben. Die Elektrodenhaube besteht aus einem Reifen aus Isoliermaterial, auf dem eine Reihe von Haltern mit Kugelgelenken angebracht sind. Durch den Halter wird ein federnder Stahldraht gesteckt und an seinem vorderen Ende kann man in eine Isolierhülse eine Elektrode einschieben.

Mit solchen Haltern ist es möglich, jeden Punkt des Kopfes abzutasten. Nur zur Erreichung der an der Schädelbasis gelegenen Ableitepunkte sind sie ungeeignet. Hier verwendet man Gummibänder, in die die Elektroden eingesteckt werden. Ein Gummiband wird zirkulär um den Kopf gelegt und an diesem Band werden mit Hilfe von Steckknöpfen vier Querbänder über den Kopf befestigt. Die Elektrodenstiele sind hohl, und durch kleine Bananenstecker wird über dünne Litzen die Verbindung zum Elektrodentisch hergestellt, von dem ein gut abgeschirmtes Ableitekabel zum Gerät führt. Jeder einzelne Ableitepunkt der linken Hirnhälfte ist sowohl auf dem Elektrodentisch als auch auf dem Eingangsschalter des Verstärkerknanals, mit einer ungeraden Zahl, jeder Punkt der rechten Seite mit einer geraden Zahl bezeichnet; s. Abb. 92. Auf dem Gerät läßt sich mit dem Ableitungsschalter jeder gewünschte Ableitepunkt auf jeden einzelnen Kanal umschalten.

Ableitungsstörungen sind meistens durch schlechten Elektrodensitz verursacht, z. B. durch fettige Haut, fettige Haare, fettig gewordene Elektrodenüberzüge (mit Äther entfetten oder erneuern!), ebenso häufig durch schlechten Kontakt der Bananenstecker. Fehler, die in den Leitungen oder im Apparat liegen, lassen sich durch Umschalten auf einen anderen Verstärkerkanal feststellen, über den die Ableitungen dann störungsfrei sind. Auch der Patient selbst kann Störungen verursachen, z. B. nervöse Patienten durch Lidflattern, das durch das Festhalten der Lider beseitigt werden kann. Durch Anspannen der Kau- oder der Nackenmuskulatur können Muskelströme die Hirnpotentiale überdecken. Besonders deutlich wird dieses bei einseitigen Facialislähmungen, Schiefhals, auch Zahnprothesen (herausnehmen lassen!). Bei Ableitungen gegen das Ohrläppchen kann das EKG eintreuen, was sofort aus dem mit dem Pulsschlag synchronen Aktionspotential zu erkennen ist. In solchem Fall sind nur bipolare Ableitungen durchführbar, bei denen das EKG nur selten deutlich wird. Durch vermehrte Schweißabsonderung, besonders an der Stirn, kann ein Kurzschluß der Elektroden eintreten und so eine Ableitung von Hirnstrompotentialen unmöglich machen.

Auf die Fremdstromeinwirkungen ist ganz besonders zu achten. Sie sind so weit wie möglich auszuschalten. Elektromedizinische Geräte, Röntgenapparate, Kurzwellengeräte u. ä. sollen möglichst nicht zu nahe dem Aufnahmeraum liegen, sie stören meist sehr. Aber auch Lichtleitungen, Lampen, Schalter etc. können Störungen verursachen, so daß man oft ohne einen *Faraday*schen Käfig nicht auskommt, der zweckmäßig aus doppeltem dünnen Zinkdrahtgeflecht besteht. Er sollte so groß sein, daß 1—2 Untersucher mit dem Patienten genügend Platz haben. Der Aufnahmeapparat wird am besten 4—5 m entfernt und seitlich vom Patienten aufgestellt, damit der Patient von der Seite beobachtet werden kann, so daß Störungen durch Lidflattern, Bewegungen usw. sofort erkannt und auf den abgeleiteten Kurven vermerkt werden können. Auch sonstige Beobachtungen am Patienten, wie Verkrampfungen im Gesicht, an Armen und Füßen, Muskelzuckungen, blasses oder verfallenes Aussehen, Angaben über Übelkeit, Schwindel usw. sollen auf der Kurve notiert werden.

Die Kurven werden entweder auf Faltpapierbücher oder auf Rollenpapier in einer der Kurvenzahl entsprechenden Breite geschrieben, das dann in Buchform gefaltet werden muß. Man schreibt pro Untersuchung etwa 30—50 m Kurven.

Die Aufnahmegeräte, **Encephalographen,** sind Direktschreiber, entweder mit Tintenschreibsystemen oder Trockenschreiber, wie das Gerät der Firma Schwarzer.

Hier wird die Kurve durch schwache Reibung der beiden sich mit verschiedener Geschwindigkeit gegeneinander bewegenden Schreib- und Kohlepapierbänder aufgezeichnet. Die Ablaufgeschwindigkeit kann verschieden eingestellt werden auf 15, 30, 100 und 160 mm/sec. Die Eichung kann auf verschiedene Eichspannungen zwischen 20 µV und 1 mV eingestellt und die einmal eingestellte Empfindlichkeit kann mit einem Schalter auf den 0,3- oder 0,1-fachen Wert umgeschaltet werden. Eine automatische Zeitschreibung hat mehrere Schaltungen für Zeitkonstanten von 0,03 bis 0,3 sec. und eine weitere von 0,1 sec. für **EKG-Aufnahmen,** die bei reduzierter Empfindlichkeit ebenfalls mit dem Gerät geschrieben werden können.

III. Elektrodiagnostik

Zur Elektrodiagnostik rechnen alle elektrischen Erregbarkeitsprüfungen am lebenden Organismus. Es handelt sich um die elektrische Reizung der verschiedenen Nerven- und Nerv-Muskelsysteme des menschlichen Körpers, sensible, motorische und vegetative Nerven.

Die Reizwirkung des elektrischen Stromes beruht nach der *Nernst*schen Theorie (1899 für Wechselstrom, 1908 für Gleichstromstöße) darauf, daß in den zum größten Teil aus wäßrigen Salzlösungen bestehenden Körpersubstanzen durch die elektrolytische Stromwirkung an den Zellmembranen Ionenkonzentrationsänderungen auftreten. Ihnen entsprechen elektrische Potentialänderungen auch an den Membranen der Nerven- und Muskelfasern, die als die Ursache des Reizes angesehen werden.

Der Kern einer Nervenfaser ist von einer sehr feinen Membran umgeben, die bis zu einem gewissen Grade ionendurchlässig ist. Kern und Hülle der Faser sind stark wasserhaltig und stellen Elektrolyte dar, wobei nach *Bernstein* (1902) im kaliumhaltigen Kern die Ionenkonzentration größer ist als in der natriumhaltigen Hülle, und daher zwischen beiden ein elektrisches Potential besteht. Durch die Erregung einer Faser vermindert sich das Potential an der erregten Stelle, d. h. durch die Erregung wird der Gleichgewichtszustand gestört. Die Erregungswelle pflanzt sich nach beiden Seiten hin stoßartig fort. Die Reizleitung ist ein fortschreitender biologischer Prozeß mit chemischen, thermischen und elektrischen Begleiterscheinungen. Bei unmittelbarer Muskelreizung handelt es sich um die gleichen Vorgänge, nur in der Höhe des Membranpotentials und in der Fortpflanzungsgeschwindigkeit bestehen Unterschiede.

Bei der elektrischen Nerven- und Muskelreizung wird das Membranpotential an der gereizten Stelle durch die elektrolytische Wirkung des Reizstroms gestört. Die dadurch verursachte Ungleichförmigkeit der Ionenkonzentration wird durch Diffusionsvorgänge wieder ausgeglichen.

Damit ein Reiz ausgelöst werden kann, muß ein Mindestwert der Gleichstromstärke, der **Schwellenwert,** überschritten werden. Unterhalb dieses Schwellenwertes wird auch bei Stromstößen von längerer Dauer keine Erregung ausgelöst, weil durch die Diffusion die Ionenkonzentration an den Membranen nicht bis zur Auslösung des Reizes ansteigen kann.

Liegt die Stromstärke aber etwas über diesem Mindestwert, so tritt bei länger dauernden Durchströmungen sehr bald ein Gleichgewichtszustand zwischen der elektrolytischen Änderung der Ionenkonzentration und deren Ausgleich durch die Diffusion ein. Praktisch macht sich in diesem Fall die Reizwirkung nur im Augenblick des Einschaltens bemerkbar und dann bis zum Ausschalten des Stromes nicht mehr. Diese „Gewöhnung“ an den Strom wird als **Akkomodation** bezeichnet.

Die Zeit, die bei einer bestimmten Stromstärke bis zum Gleichgewichtszustand erforderlich ist, nennt man die **Nutzzeit** des betreffenden Nerven für die betreffende Stromstärke. Ein Dauergleichstrom oder ein Gleichstromstoß von einer mindestens der Nutzzeit entsprechenden Zeitdauer, muß eine Mindeststromstärke haben, die man als Schwellenwert des Dauerreizstroms oder als **Rheobase** bezeichnet. Unterhalb dieses Wertes verhindern — wie oben schon gesagt — die Ausgleichsvorgänge (Diffusion), daß überhaupt die Reizschwelle des Membranpotentials erreicht wird. Oberhalb der Rheobase dagegen kann die Dauer des Reizstromstoßes um so kürzer sein, je höher die Stromstärke ist.

Wird die Rheobase überschritten, so ist die Reizwirkung bei gegebener Stromstärke um so größer, je schneller oder je steiler der Strom ansteigt, denn um so weniger hat die zeitabhängige Diffusion Gelegenheit, zur Gegenwirkung. Die für den Stromanstieg benötigte Zeit oder die **Anstiegsteilheit** ist von großer Bedeutung, ebenso spielt die Schnelligkeit des Wiederverschwindens des Stromes oder seine **Abstiegsteilheit** eine Rolle. Erfolgt diese sehr schnell, so kann die Ionenkonzentration an den Membranen in dieser Zeit nicht völlig abklingen und macht sich durch Entstehen einer Polarisationsspannung als **Öffnungszuckung** bemerkbar, die weniger stark ist als die **Schließungszuckung.**

Die Nutzzeit eines Nerven oder Muskels bei einer bestimmten Stromstärke ist für diese charakteristisch. Die Nutzzeit bei der niedrigsten Stromstärke, also bei der

Rheobase, bezeichnet man nach *Gildemeister* als **Hauptnutzzeit.** Die Nutzzeit beim doppelten Wert der Rheobase ist nach *Lapicque* die **Chronaxie.**

Die genaue Meßbarkeit der Nutzzeit ist deshalb von großer Bedeutung, weil sie nicht nur von der Temperatur und von der chemischen Wirkung vieler Giftstoffe beeinflußt wird, sondern weil sie sich vor allem bei krankhafter Entartung eines Nerven oder eines Muskels sehr stark ändert. Die Nutzzeiten der verschiedenen Nerven und Nerv-Muskelsysteme des Körpers haben ganz verschiedene Größen, aber die Werte sind charakteristisch und bei gesunden Menschen ziemlich gleich. Bei Lähmungen sind die Nutzzeiten der geschädigten Nerven und Muskeln erheblich verlängert.

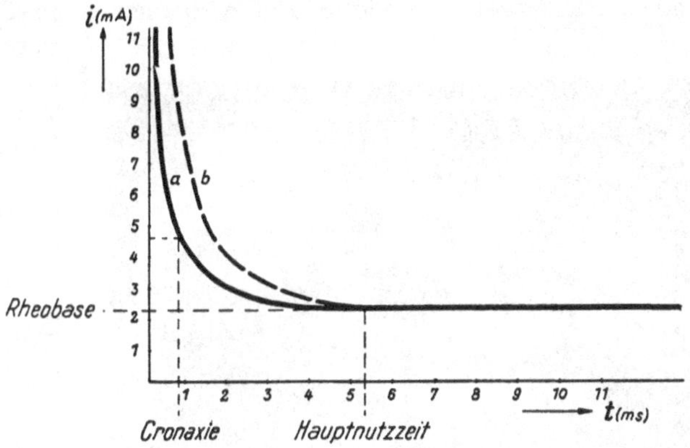

Abb. 96. Nutzzeitkurve eines Nerven- oder Nerv-Muskel-Systems. a) für Minimalreaktion, b) für Maximalreaktion

Daß sich die Hauptnutzzeit wegen des asymptotischen Übergangs der Nutzzeitkurve in die Horizontale nur sehr ungenau messen läßt, wurde von *Lapcique* die **Chronaxiemessung** eingeführt.

Dabei wird mit genügend lang dauernden Stromstößen und langsam steigender Stromstärke, von einem unterschwelligen Wert ausgehend, der Schwellenwert oder die Rheobase ermittelt. Dann wird sofort, ohne Änderung der Elektrodenanlage, der doppelte Wert der ermittelten Stromstärke eingeschaltet, und — nun von sehr kurzen unterschwelligen Zeiten ausgehend — die Dauer der Stromstöße langsam erhöht, bis dieselbe Reizwirkung eintritt, wie bei der Rheobasemessung. Die gefundene Stoßdauer ist die **Chronaxie.**

Die Chronaxie ist ein recht genau meßbarer Wert und auch in gesundem Zustand ein Maß für die Trägheit der Reaktion auf Reize und für die Funktion. Nach einem länger dauernden Stromstoß mit Akkomodation der Faser muß eine gewisse Zeit vergehen, ehe der Nerv überhaupt wieder oder in vollem Maße wieder reizbar wird. Diese Zeit der aufgehobenen oder herabgesetzten Reizbarkeit ist die **Refraktärzeit.** Langsam reagierende Nerven oder Muskeln haben auch lange Refraktärzeiten bzw. umgekehrt. Die Anwendung einzelner Reizstromstöße erlaubt die Feststellung des Lähmungsgrades durch die Beobachtung der Reaktion auf einen genau bemessenen Einzelreiz.

Mit Hilfe moderner Geräte, wie z. B. des **Neurotons** der Siemens-Reiniger-Werke, kann man mit elektronischen Mitteln Stromstöße mit verschiedenem Kurvenverlauf erzeugen, die in bezug auf Länge, Stromstärke, Anstiegsteilheit und Pausendauer beliebig zu regulieren sind. Rechteckimpulse und Dreieckimpulse haben in der Diagnostik heute die

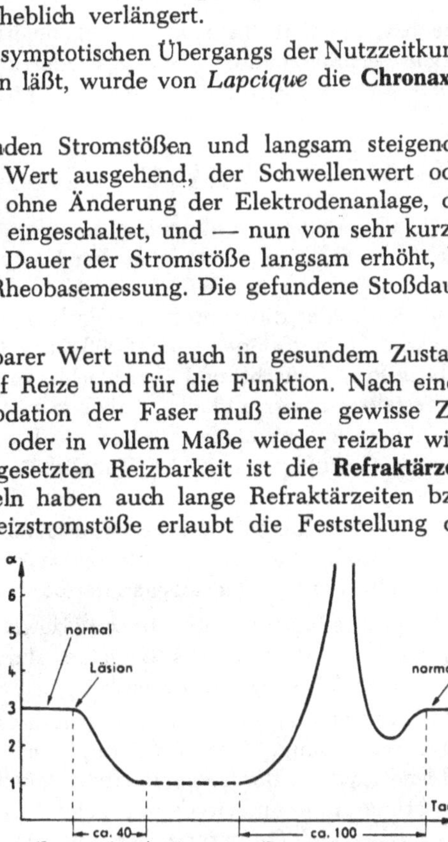

Abb. 97. Akkomodabilitätsverlauf (α)

wesentlichste Bedeutung. Man prüft zur genaueren Differenzierung der Diagnose über die Chronaxie hinaus die sogenannte **Rechteck-Impuls-Charakteristik (RIC),** indem für einzeln ausgelöste und nacheinander in der Dauer verkürzte Rechteck-Impulse jeweils die Reizschwelle festgestellt wird und die Ergebnisse in einer Kurve dargestellt werden. Degenerationszustände, auch gradueller Art, zeigen sich in typischen Kurvenabweichungen. Als Ergänzung kann man die gleiche Prüfung mit Dreieck-Impulsen vornehmen, als **Dreieck-Impuls-Charakteristik (DIC).** Die Dreieck-Impulsschwelle ermöglicht außerdem die Bestimmung der **Akkomodabilität.** Dreieck-Impulse haben eine höhere Reizschwelle, die als „Einschleich-Effekt" bekannt ist. Die Akkomodabilität wird durch das Verhältnis der Dreieck-Impulsschwelle zur Rheobase definiert. Sie sinkt bei Degeneration bis auf 1 ab und steigt bei Regeneration in ganz charakteristischer Weise wieder an. Durch laufende Prüfung der Akkomodabilität kann der Erfolg einer therapeutischen Maßnahme verfolgt werden.

Abb. 98. Neuroton der Siemens-Reiniger-Werke

IV. Grundumsatzbestimmung

Die Grundumsatzbestimmung ist eine Gasstoffwechselanalyse. Unter dem „Grundumsatz = **G. U.**" versteht man den Energieumsatz, der notwendig ist, um bei Ruhe aller Organe — einschließlich der Muskeln und des Magens — das Leben aufrechtzuerhalten, oder die Summe der Verbrennungen im ruhenden, nüchternen Menschen, ausgedrückt in Kalorien. Die Größe des **G. U.** ist sehr verschieden, je nach Größe, Lebensalter, Gewicht und Geschlecht. Die Normen, **der Sollumsatz,** sind empirisch festgestellt worden und den Tabellen von *Harris, Benedickt, Kestner* und *Knipping* (s. Anhang) zu entnehmen, indem die Werte der Tabelle **A** (Grundzahl für Gewicht je nach Geschlecht) und der Tabelle **B** (Grundzahl für Alter und Größe) addiert werden.

Außer dem Ruhewert, **dem Grundumsatz,** kann der Mehrwert durch Muskeltätigkeit, Gehirntätigkeit, Drüsentätigkeit, Wärmeregulation oder durch Nahrungsaufnahme festgestellt werden, der sogenannte **Leistungszuwachs.**

Der größte Leistungszuwachs wird durch Muskeltätigkeit hervorgerufen, **der Arbeitsumsatz.** Die Erhöhung des Umsatzes durch Nahrungsaufnahme wird als **spezifisch-dynamische Wirkung** bezeichnet.

Die Bestimmung des G. U. erfolgt indirekt durch Berechnung aus O_2-Verbrauch und CO_2-Ausscheidung. Das Verhältnis von verbrauchtem Sauerstoff zum gebildeten Kohlendioxyd ist der **Respiratorische Quotient = R. Q.** Er ist bei der menschlichen Ernährung nicht einheitlich, da Fette, Eiweiße und Kohlehydrate zur Verbrennung verschieden viel O_2 verbrauchen. Nur bei der Verbrennung von Kohlehydraten ist der R. Q. = 1; bei Fett etwa 0,71. In der Nahrung sind etwa 15% Eiweißstoffe enthalten; sind die übrigen 85% Kohlhydrate, liegt der R. Q. bei ca. 0,97; wären es 85% Fett, so länge der R. Q. bei ca. 0,77, so daß der Normalwert der täglichen Nahrung etwa dazwischen liegt. Schaltet man nun in der Ernährung Fett und Eiweiß weitgehendst aus, so liegt der R. Q. bei exakter Durchführung der vorbereitenden Diät zwischen 0,8 und 0,9. Bei einfachen Bestimmungen nimmt man unter normalen Versuchsbedingungen einen R. Q. von 0,85 an. Da aber die Werte des R. Q. bei pathologischen Umlagerungsprozessen im Organismus sich ändern, z. B. auch durch die Änderung der H-Ionenkonzentration des Blutes, ist die exakte Bestimmung des R. Q. bei jedem einzelnen Versuch von großer Bedeutung.

Zur Bestimmung des **Respiratorischen Grundumsatzes** muß der Patient vorbereitet werden. Er erhält 2 Tage vor dem Versuch eine vegetarische, eiweißarme, möglichst fettfreie Kost und muß am Untersuchungstage völlig nüchtern (auch nicht rauchen!) sein. Danach entspricht der Wert des verbrannten Sauerstoffs 4,8 bis 4,86 Kalorien.

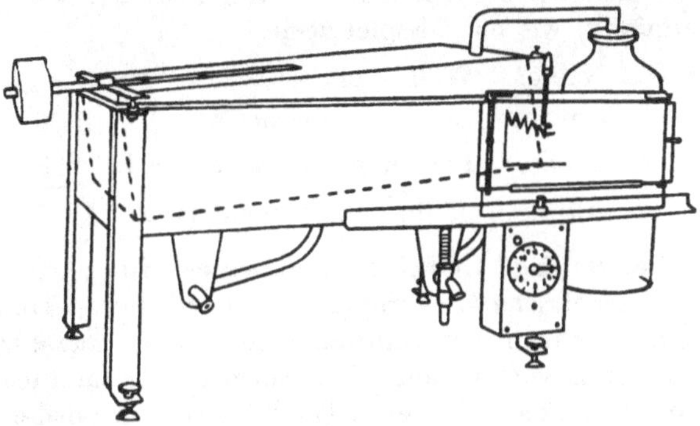

Abb. 99. Grundumsatzgerät nach Krogh-Kowarski

Die Apparate zur Grundumsatzbestimmung bestehen im Prinzip aus einem Spirometer, der mit O_2 gefüllt wird, verbunden mit einem Atemsystem, an welches der Patient angeschlossen wird. Er atmet im Versuch den O_2 aus dem Spirometer ein und die Ausatmungsluft wird in ein CO_2-Absorptionsgefäß geleitet. Die Atemzüge werden mittels einer Registriervorrichtung mit einem Tintenschreiber in Form von Kurven auf einem sich bewegenden Papierstreifen aufgezeichnet.

Die bekanntesten Apparaturen sind die Geräte nach *Knipping*, der einfachere Apparat nach *Krogh-Kowarski*, sowie die Weka-Geräte in großer und kleiner Ausführung.

Der *„Krogh-Kowarski"* besteht aus einem Kastenspirometer und einem CO_2-Absorptionsgefäß, das mit Natronkalk gefüllt ist. Der Patient wird mit einem Dreiwegehahn an das Atemsystem angeschlossen. Ein Uhrwerk reguliert die Bewegung des Registrierblattes, auf dem die Atemkurve und die Zeitkurve festgehalten werden.

Zur **Ausführung eines Versuches** muß sich der mit 2-tägiger Diät gut vorbereitete Patient nüchtern vor Beginn des eigentlichen Versuches mindestens 1 Stunde in dem störungsfreien Untersuchungsraum auf einem bequemen Ruhebett möglichst bewegungslos (keine Unterhaltung!) gänzlich entspannen. Dann wird der Patient mit dem Mundstück an das Atemsystem angeschlossen und muß nun gleichmäßig und ruhig durch den Mund atmen. Währenddessen wird bei der *Krogh-Kowarski*-Apparatur die Spirometerglocke in die tiefste Stellung gebracht, die Schreibfeder mit Tinte gefüllt und die Nullinie gezogen. Darauf wird in den Spirometer O_2 eingefüllt, bis der Schreibstift etwa 1 cm unter dem oberen Trommelrand steht. Sobald nun die Atmung des Pat. einwandfrei ruhig verläuft, wird dem Pat. die Nasenklemme aufgesetzt und damit die Zufuhr der Außen-

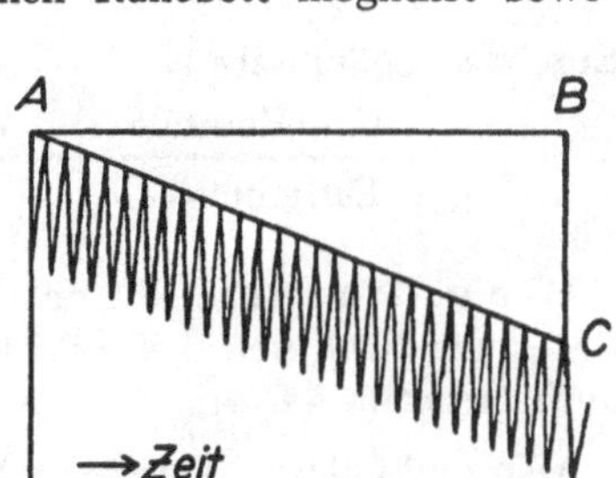

Abb. 100. Schema einer Atemkurve

luft abgeschnitten; der Pat. atmet nun den reinen Sauerstoff ein. Nach ca. 3—4 Min., sobald die Atmung wieder gleichmäßig geworden ist, beginnt der Versuch durch Einschalten des Uhrwerks. Der Versuch läuft 7—10 Min., er muß eine völlig gleichmäßige Atemkurve ergeben, andernfalls muß er wiederholt werden.

Auswertung: Die Kurve wird abgenommen und die Expirationspunkte am Anfang und Ende der Kurve durch eine Lineallinie verbunden. Krumme Kurven sind absolut unbrauchbar! Vom Ausgangspunkt A wird eine Parallele zur Grundlinie gezogen und auf dem Endpunkt C die Höhe errichtet. Der Schnittpunkt B bildet den rechten Winkel des rechtwinkligen Dreiecks ABC. BC zeigt den O_2-Verbrauch direkt in Litern an; AB ist die Versuchsdauer.

Nun wird der „Sollumsatz" des Pat., der vorher gemessen und gewogen wurde, ermittelt, wie ein Beispiel zeigt:

Name:	Willi Sauer		
Gewicht:	73,2 kg	= Faktor Tab. A I	1076
Größe:	181 cm	= Faktor Tab. A II	689
Alter:	32 Jhr.	Sollumsatz:	1765

Berechnung: Es soll der Kalorienwert für 1 qm Körperoberfläche berechnet werden. Der abgelesene O_2-Verbrauch muß reduziert werden, wozu der Reduktionsfaktor für den jeweiligen Barometerstand und die Temperatur an einer Reduktionstafel (s. Abb.) abgelesen werden kann. Einfachheitshalber kann man auch einen Reduktionsmittelwert von 0,85 einsetzen, der ungefähr unserer normalen Zimmertemperatur und den häufigsten Drucken entspricht. Es empfiehlt sich jedoch, den Reduktionsfaktor stets genau abzulesen! Mit ihm wird der O_2-Verbrauch pro Minute multipliziert und ergibt das reduzierte O_2-Volumen/min. Der Wert dieses reduzierten O_2-Volumens wird nun mit dem Faktor **f** multipliziert und ergibt den Grundumsatz in 24 Std. Der Faktor **f** wird errechnet aus dem R. Q. (angen. 0,85) × 1,3 + 6.

Beispiel: Temperatur: 20° C.
Barometerstand: 766 mm Hg. = Red. Faktor: 0,917

O_2-Verbrauch pro Min.: 354 ccm
Red. Faktor: 0,917
red. O_2-Volumen: 325 ccm × Faktor **f**:
(Faktor **f** = R. Q. 0,85 × 1,3 + 6 = 7,1)
325 × 7,1 = **2300 cal Grundumsatzwert in 24 Std.**

Ergebnis: Sollumsatz .... 1765 cal
Grundumsatz............ 2300 cal
Differenz.......... 535 cal = % Abweichung: + 30%.

Eine einfachere Berechnung geht von den gebildeten Wärmekalorien aus. Bei einem R. Q. von 0,85 bildet 1 cm^3 O_2 bei der Verbrennung von Fett und Kohlehydraten etwa 4,8 cal.

Man multipliziert den O_2-Verbrauch pro Min. (abgelesene Literzahl : Versuchsdauer) mit dem Reduktionsmittelwert 0,9, bezogen auf eine Stunde = multipliziert mit 60 × 4,8. Es ergibt sich der Kalorienwert pro Stunde, **z. B.** 60 × 0,9 × 4,8 = 259,2.

mm Hg	16°	17°	18°	19°	20°	21°	22°	23°	24°	25°	26°	27°	28°	29°	30° C
741	0.9209	0.9177	0.9146	0.9114	0.9083	0.9052	0.9022	0.8994	0.8961	0.8931	0.8901	0.8871	0.8841	0.8812	0.8783
742	0.9222	0.9190	0.9158	0.9127	0.9096	0.9065	0.9034	0.9003	0.8973	0.8943	0.8913	0.8883	0.8853	0.8824	0.8795
743	0.9234	0.9202	0.9171	0.9139	0.9108	0.9077	0.9046	0.9016	0.8985	0.8955	0.8925	0.8895	0.8865	0.8836	0.8807
744	0.9247	0.9215	0.9183	0.9151	0.9120	0.9089	0.9058	0.9028	0.8997	0.8967	0.8937	0.8907	0.8877	0.8848	0.8819
745	0.9259	0.9227	0.9195	0.9164	0.9132	0.9101	0.9070	0.9040	0.9009	0.8979	0.8949	0.8919	0.8889	0.8860	0.8830
746	0.9272	0.9240	0.9208	0.9176	0.9145	0.9114	0.9083	0.9052	0.9021	0.8989	0.8961	0.8931	0.8901	0.8872	0.8842
747	0.9284	0.9252	0.9220	0.9188	0.9157	0.9126	0.9095	0.9064	0.9033	0.9003	0.8973	0.8943	0.8913	0.8884	0.8854
748	0.9296	0.9264	0.9232	0.9201	0.9169	0.9138	0.9107	0.9076	0.9045	0.9015	0.8985	0.8955	0.8925	0.8896	0.8866
749	0.9309	0.9277	0.9245	0.9213	0.9181	0.9150	0.9119	0.9088	0.9058	0.9027	0.8997	0.8967	0.8937	0.8907	0.8878
750	0.9321	0.9289	0.9257	0.9225	0.9194	0.9162	0.9131	0.9100	0.9070	0.9039	0.9009	0.8979	0.8949	0.8919	0.8890
751	0.9334	0.9301	0.9269	0.9238	0.9206	0.9175	0.9143	0.9113	0.9082	0.9051	0.9021	0.8991	0.8961	0.8931	0.8902
752	0.9346	0.9314	0.9282	0.9250	0.9218	0.9187	0.9155	0.9125	0.9094	0.9063	0.9033	0.9003	0.8973	0.8943	0.8913
753	0.9358	0.9326	0.9294	0.9262	0.9230	0.9199	0.9168	0.9137	0.9106	0.9075	0.9045	0.9015	0.8985	0.8955	0.8925
754	0.9371	0.9339	0.9306	0.9275	0.9243	0.9211	0.9180	0.9149	0.9118	0.9087	0.9057	0.9027	0.8997	0.8967	0.8937
755	0.9383	0.9351	0.9319	0.9289	0.9255	0.9223	0.9192	0.9161	0.9130	0.9099	0.9069	0.9039	0.9008	0.8979	0.8949
756	0.9396	0.9363	0.9331	0.9299	0.9267	0.9236	0.9204	0.9173	0.9142	0.9112	0.9081	0.9051	0.9021	0.8991	0.8961
757	0.9408	0.9376	0.9343	0.9311	0.9279	0.9248	0.9216	0.9185	0.9154	0.9123	0.9093	0.9063	0.9032	0.9002	0.8973
758	0.9421	0.9388	0.9356	0.9324	0.9292	0.9260	0.9229	0.9198	0.9166	0.9136	0.9105	0.9075	0.9044	0.9014	0.8985
759	0.9433	0.9402	0.9368	0.9336	0.9304	0.9272	0.9241	0.9209	0.9178	0.9148	0.9117	0.9087	0.9056	0.9026	0.8996
760	0.9445	0.9413	0.9380	0.9348	0.9316	0.9285	0.9253	0.9222	0.9191	0.9160	0.9129	0.9098	0.9068	0.9038	0.9008
761	0.9458	0.9425	0.9393	0.9361	0.9328	0.9297	0.9265	0.9234	0.9203	0.9172	0.9141	0.9110	0.9080	0.9050	0.9020
762	0.9470	0.9438	0.9405	0.9373	0.9341	0.9309	0.9277	0.9246	0.9215	0.9183	0.9153	0.9122	0.9092	0.9062	0.9032
763	0.9483	0.9450	0.9417	0.9385	0.9353	0.9321	0.9289	0.9258	0.9227	0.9196	0.9165	0.9134	0.9104	0.9074	0.9044
764	0.9495	0.9462	0.9430	0.9397	0.9365	0.9333	0.9302	0.9270	0.9239	0.9208	0.9177	0.9146	0.9116	0.9086	0.9056
765	0.9508	0.9475	0.9442	0.9410	0.9378	0.9346	0.9314	0.9282	0.9251	0.9220	0.9189	0.9158	0.9128	0.9098	0.9068
766	0.9520	0.9487	0.9455	0.9422	0.9390	0.9358	0.9326	0.9295	0.9263	0.9232	0.9201	0.9170	0.9140	0.9110	0.9079
767	0.9532	0.9500	0.9467	0.9434	0.9402	0.9370	0.9338	0.9307	0.9275	0.9244	0.9213	0.9182	0.9152	0.9121	0.9091
768	0.9545	0.9512	0.9479	0.9447	0.9414	0.9382	0.9350	0.9319	0.9287	0.9256	0.9225	0.9194	0.9164	0.9133	0.9103
769	0.9557	0.9524	0.9491	0.9459	0.9426	0.9394	0.9362	0.9331	0.9299	0.9268	0.9237	0.9206	0.9176	0.9145	0.9115
770	0.9570	0.9537	0.9504	0.9471	0.9439	0.9407	0.9375	0.9343	0.9312	0.9280	0.9249	0.9218	0.9188	0.9157	0.9127
771	0.9582	0.9549	0.9516	0.9484	0.9451	0.9419	0.9387	0.9355	0.9324	0.9292	0.9261	0.9230	0.9199	0.9169	0.9139
772	0.9595	0.9561	0.9528	0.9496	0.9463	0.9431	0.9399	0.9367	0.9336	0.9304	0.9273	0.9242	0.9211	0.9181	0.9150
773	0.9607	0.9574	0.9541	0.9508	0.9476	0.9443	0.9411	0.9380	0.9348	0.9316	0.9285	0.9254	0.9223	0.9193	0.9162
774	0.9619	0.9586	0.9553	0.9521	0.9488	0.9456	0.9423	0.9392	0.9360	0.9328	0.9297	0.9266	0.9235	0.9205	0.9174
775	0.9632	0.9599	0.9566	0.9533	0.9500	0.9468	0.9436	0.9404	0.9372	0.9341	0.9309	0.9278	0.9247	0.9217	0.9186
776	0.9644	0.9611	0.9578	0.9545	0.9512	0.9480	0.9448	0.9416	0.9384	0.9353	0.9321	0.9290	0.9259	0.9229	0.9198
777	0.9657	0.9623	0.9590	0.9557	0.9525	0.9492	0.9460	0.9428	0.9396	0.9365	0.9333	0.9302	0.9271	0.9240	0.9210
778	0.9669	0.9636	0.9603	0.9570	0.9537	0.9505	0.9472	0.9440	0.9408	0.9377	0.9345	0.9314	0.9283	0.9252	0.9222
779	0.9681	0.9648	0.9615	0.9582	0.9549	0.9517	0.9484	0.9452	0.9420	0.9389	0.9357	0.9326	0.9295	0.9264	0.9233
780	0.9694	0.9661	0.9629	0.9594	0.9561	0.9529	0.9496	0.9464	0.9432	0.9401	0.9369	0.9338	0.9307	0.9276	0.9245

Abb. 101. Reduktionstafel; am Spirometer abgelesene Volumina werden mit dem jeweiligen Faktor für Zimmertemperatur und Luftdruck multipliziert, um Gaswerte für 0° und 760 mm Hg zu erhalten

---

O_2-Verbrauch pro Min. = 354 cm³ × 259,2 = 91,76 cal/Std.

Die erhaltene Zahl wird dividiert durch die Oberfläche des Pat., die sich ergibt aus Größe und Gewicht, abzulesen an der graphischen Tafel I von *Du Bois, Boothly* und *Sandiford* auf Leiste IV. Der gefundene Wert wird in Beziehung gesetzt zur Norm, entsprechend Alter und Geschlecht, abzulesen auf Tabelle II. Die Abweichungen werden in Prozenten ausgedrückt.

Beispiel: Patient: wie oben
Kalorienwert pro Stunde: 91,76 cal
Körperoberfläche: 1,80 qm.
= Stundenwert pro qm.: 50,9 cal
Normalwert: 39,5 cal/Std./m².
Prozentuale Abweichung: +29%.

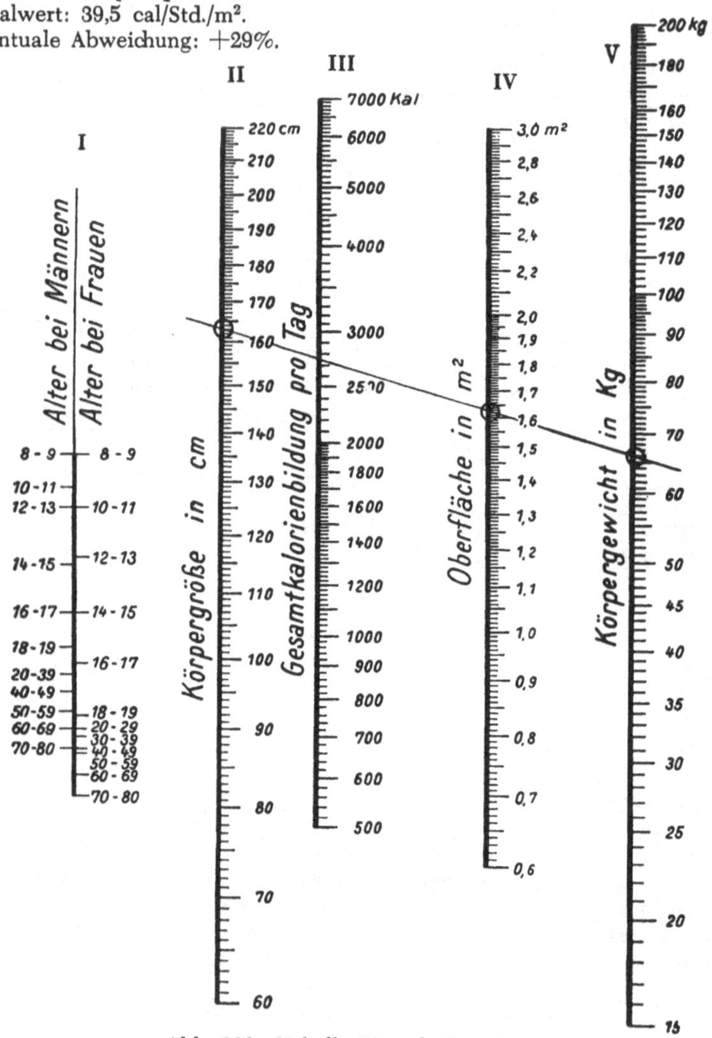

Abb. 102. Tabelle II nach *Duo Bois*

Pro Quadratmeter Körperoberfläche und pro Stunde werden in der Norm an Kalorien gebildet:

Alter	Männer	Frauen	Alter	Männer	Frauen
3— 9 Jahre	54	54	20—29 Jahre	39,5	37
10—11 Jahre	51,5	50	30—39 Jahre	39,5	36
12—13 Jahre	50	46,5	40—49 Jahre	38,5	36
14—15 Jahre	46	43	50—59 Jahre	37,5	35
16—17 Jahre	43	40	60—69 Jahre	36,5	34
18—19 Jahre	41	38	70—80 Jahre	35,5	33

Der **Gasstoffwechselapparat nach** *Knipping* (Fa. Albert Dargatz, Hamburg) ist ein sehr exaktes, auch für Forschungszwecke geeignetes Klinikgerät. Mit ihm werden eingeatmeter O_2, sowie ausgeatmetes CO_2 volumetrisch gemessen und der R. Q. bei jedem Versuch genau bestimmt. Durch Benutzung verschiedener Zusatzgeräte können mit ihm exakte Belastungsprüfungen, Herz-, Kreislauf- und Lungenfunktionsprüfungen durchgeführt werden, die in steigendem Maße an Bedeutung gewinnen.

Der Apparat besitzt ein geschlossenes Atemsystem, in dem der Luftstrom mit Hilfe einer Motorpumpe und Dämpfungsrohren so in Bewegung gesetzt wird, daß der Patient ohne jede eigene Anstrengung mühelos atmen kann. Das System besteht aus einem Spirometer von etwa 8 l Inhalt, einer Waschflasche und der Motorpumpe, die mit Schlauchleitungen verbunden sind und einem Dreiwegehahn für den Anschluß des Patienten. Das System muß völlig luftdicht sein und ist daraufhin in gewissen Zeitabständen zu überprüfen. Mit einem Kymographion wird die Atemkurve registriert.

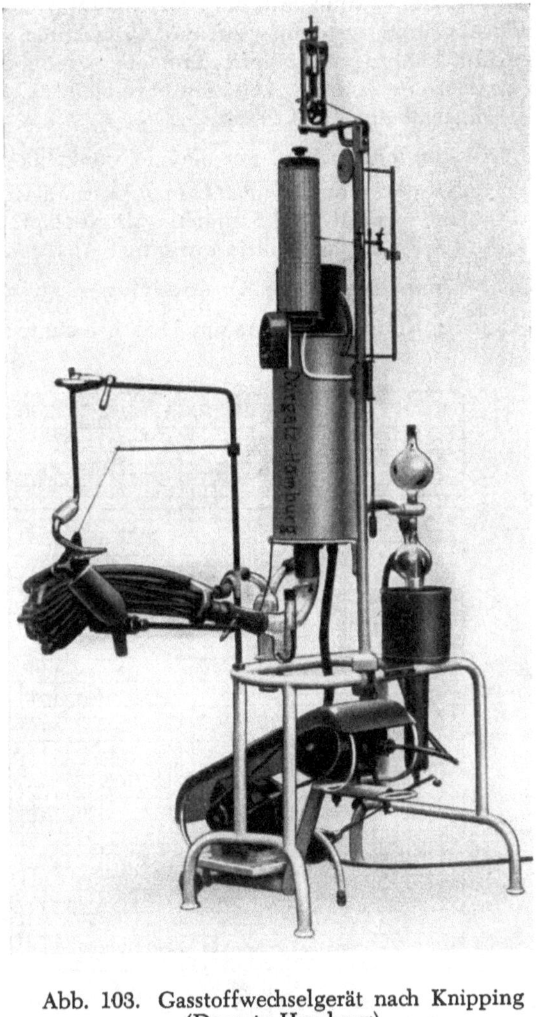

Abb. 103. Gasstoffwechselgerät nach Knipping (Dargatz-Hamburg)

Die Vorbereitung eines Versuches beginnt mit dem Auslüften des Apparates etwa 3 Min. mit laufendem Motor. Währenddessen wird die Waschflasche gefüllt mit 75 cm^3 47%iger KOH und mit 125 cm^3 40%iger (gewichtsprozentiger!) H_2SO_4 in das obere Reservoir. Werden dazu keine gebrauchsfertigen Ampullen benutzt, auf denen der CO_2-Titer der KOH angegeben ist, so muß durch eine Leerbestimmung der CO_2-Gehalt der verwendeten KOH ermittelt werden. Zur Fernhaltung der Zimmerluft-CO_2 vom KOH-Tank sind die besonderen Vorschriften der Lieferfirma zu beachten. Nachdem alle Schlauchleitungen verbunden sind, wird der vorbereitete, nüchterne und ausgeruhte Patient durch das Mundstück an den Apparat angeschlossen, wobei der Dreiwegehahn auf Außenluft gestellt sein muß. Durch Aufsetzen der Nasenklemme kann der Patient sich an das Atmen durch den Mund gewöhnen. Nun werden das Registrierblatt am Kymographion befestigt, die Schreibfeder geprüft, das Spirometer mit O_2 gefüllt, etwa 6 l, und dann der Motor und das Kymographion eingeschaltet. Zeigt sich der Strich auf dem Registrierblatt linienparallel, so ist das System dicht und der Versuch kann nach Ablesen des Spirometerstandes beginnen. Auf der Höhe eines Expiriums wird durch Drehen des Dreiwegehahns der Patient in das Atemsystem eingeschaltet und gleichzeitig mit einer Stoppuhr die Zeit gemessen. Nach genau 10 Min. Versuchsdauer wird wieder auf der Höhe eines Expiriums der Patient abgeschaltet und der Spirometerstand bei Linienparallelität abgelesen, ergibt den O_2-Verbrauch in Litern.

Das ausgeatmete CO_2 ist in der KOH gebunden und wird nun durch den langsamen Zusatz der H_2SO_4 wieder in Freiheit gesetzt, vermehrt um den Betrag, der in der KOH selbst enthalten war, wodurch das Spirometer wieder ansteigt. Da durch die Reaktionswärme auch die Gastemperatur angestiegen ist, kann der Spirometerstand erst abgelesen werden, wenn das Gasgemisch sich auf Zimmertemperatur wieder abgekühlt hat, angezeigt durch Linienparallelität auf dem Registrierblatt. Die Differenz zwischen der 2. und 3. Ablesung ergibt die CO_2-Abgabe des Patienten, abzüglich dem Eigengehalt der KOH (Titer).

Die Berechnung wird auf einem Protokollbogen ausgeführt (s. Abb.).

Zunächst werden die abgelesenen O_2- und CO_2-Werte reduziert, indem sie mit dem Zimmertemperatur und Barometerstand entsprechenden Koeffizienten der Reduktionstafel (s. Seite 85) multipliziert werden. Aus den sich ergebenden reduzierten O_2- und CO_2-Werten wird der R. Q. errechnet: R. Q. $= \frac{CO_2}{O_2}$. Für den so gefundenen R. Q. kann man auf dem Diagramm D den dazugehörigen Faktor ablesen, mit dem dann das verbrauchte reduzierte O_2-Volumen multipliziert wird und den Grundumsatz des Patienten ergibt.

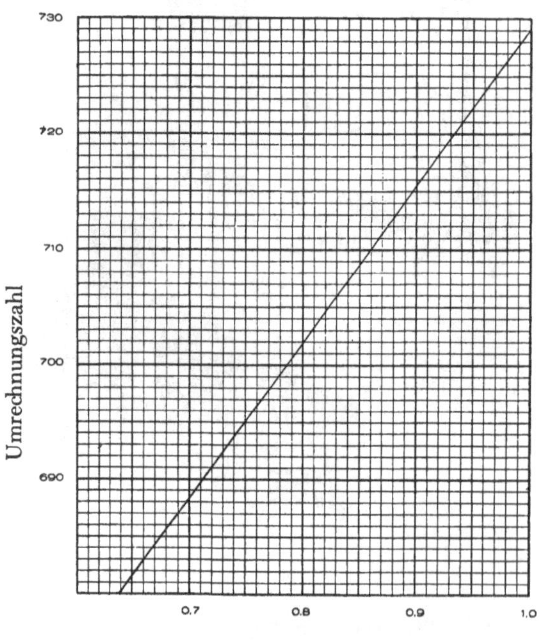

Abb. 104.
Respiratorischer Quotient
Diagramm für die Umrechnungszahl

Noch einfacher können die Versuchsergebnisse graphisch mit Hilfe des **Metabologramms nach Prof. Habs** ermittelt werden. Durch Verbindung der Leiste des O_2-Verbrauches mit derjenigen der CO_2-Ausscheidung findet man auf der Skala 3 den Grundumsatz. Durch Verbindung des G. U. mit dem Sollumsatz ergibt sich auf Skala 4 die %-Abweichung.

Da das Metabologramm aber auf 745 mm Hg und 20° C berechnet ist, kann es bei abweichenden Druck- und Temperaturverhältnissen nur benutzt werden, wenn die Versuchsdauer entsprechend der Tafel I verändert wird. Dazu liest man Temperatur und Druck vor Beginn des Versuches ab und entnimmt der Tafel die Versuchsdauer in Minuten (m) und Sekunden (s).

Ein CO_2-Leerwert der KOH von 0,12 l ist bereits graphisch berücksichtigt. Bei höherem reduziertem CO_2-Gehalt der KOH ist der Korrektionswert von der Tafel

Beispiel eines Untersuchungsprotokolls

Gasstoffwechseluntersuchungs-Protokoll Nr. 332
(Methode Knipping)

Datum der Untersuchung: 20. 12. 39 **Kontr.-Nr.:** **Versuch ausgeführt von:** Frau Montwill

Name und Vorname: Sauer, Karl Willi
Adresse: Station IV B

Körpergewicht: 73,2 kg	entspr. Wert aus Tabelle A . . . . . . =	1076	(1)
Körperlänge: 181 cm, **Alter:** 32 J.	+ entspr. Wert aus Tabelle B . . . . . . =	689	(2)
	= Grundumsatz-Sollwert . . . . =	1765 Cal.	(3)

Puls pro min: Letzte Mahlzeit eingenommen vor . . . . Std.
Atmung pro min: Völlige Körperruhe seit . . . .
Barometerstand: 766 mm Hg **Reduktionsfaktor** aus Tabelle C = 0,917 (4)
Raumtemperatur: 20° C zur Umrechnung auf 0° C und 760 mm Hg
CO_2-Gehalt der verwendeten Kalilauge (reduziert) . . . . 0,72 Lit. (5)

Ergebnis des 10-Minuten-Versuches:

1. Bestimmung des O_2-Verbrauches

Von:	Spirometerstand am Anfang des Versuches	=	6,14 Lit.	(6)
abgezogen:	Spirometerstand am Ende des Versuches	=	2,60 Lit.	(7)
ergibt Diff.:	Verbrauchtes O_2-Volumen (unreduziert)	=	3,54 Lit.	(8)
multipl. mit:	Reduktionsfaktor, wie unter (4) bestimmt	=	0,917	(4)
ergibt Prod.:	Verbrauchtes O_2-Volumen (reduziert)	=	3,25 Lit.	(9)

2. Bestimmung der CO_2-Bildung

Von:	Spirometerstand nach H_2SO_4-Zusatz	=	7,08 Lit.	(10)
abgezogen:	Spirometerstand vor H_2SO_4-Zusatz	=	2,60 Lit.	(7)
ergibt Diff.:	Gemessenes CO_2-Volumen, brutto (unreduziert)	=	4,48 Lit.	(11)
multipl. mit:	Reduktionsfaktor, wie unter (4) bestimmt	=	0,917	(4)
ergibt Prod.:	Ausgeatmetes CO_2-Volumen, brutto (reduziert).	=	4,11 Lit.	(12)
abgezogen:	CO_2-Gehalt von 75 ccm Kalilauge, Wert (5)	=	0,72 Lit.	(5)
ergibt Diff.:	Ausgeatmetes CO_2-Volumen, netto (reduziert)	=	3,39 Lit.	(13)

3. Berechnung des Respiratorischen Quotienten R. Q.

	Ausgeatmetes CO_2-Volumen, siehe Wert (13)	=	3,39 Lit.	(13)
divid. durch:	Verbrauchtes O_2-Volumen, siehe (9)	=	3,25 Lit.	(9)
ergibt Quot.:	Respirat. Quotient R. Q.	=	1,04	(14)

4. Berechnung des Grundumsatzes G. U.

	Zu obigem R. Q. liefert das Diagramm D den Faktor . . .		710	(15)
	Verbrauchtes O_2-Volumen, siehe (9)	=	3,25 Lit.	(9)
multipl. mit:	Faktor aus Diagramm D, siehe (15)	=	710	(15)
ergibt Prod.:	Grundumsatz G. U. des Patienten	=	2300 Cal.	(16)

5. Berechnung der pathologischen Abweichung des Grundumsatzes

	Grundumsatz-Meßwert, siehe (16) 2300
divid. durch:	Grundumsatz-Sollwert, siehe (3) 1765
ergibt:	Verhältniszahl 1,30 (auf 2 Dezimalen berechnet) (17)

Eintragung, wenn (17) größer als 1,00:	1,	30
	1,	00 = normal
Eintragung, wenn (17) kleiner als 1,00:		
Differenz der Stellen hinter dem Komma		30 = prozent.

Abweichung des Grundumsatzes (18)

Grundumsatz gesteigert um +30 %
vermindert um %

Bemerkungen:

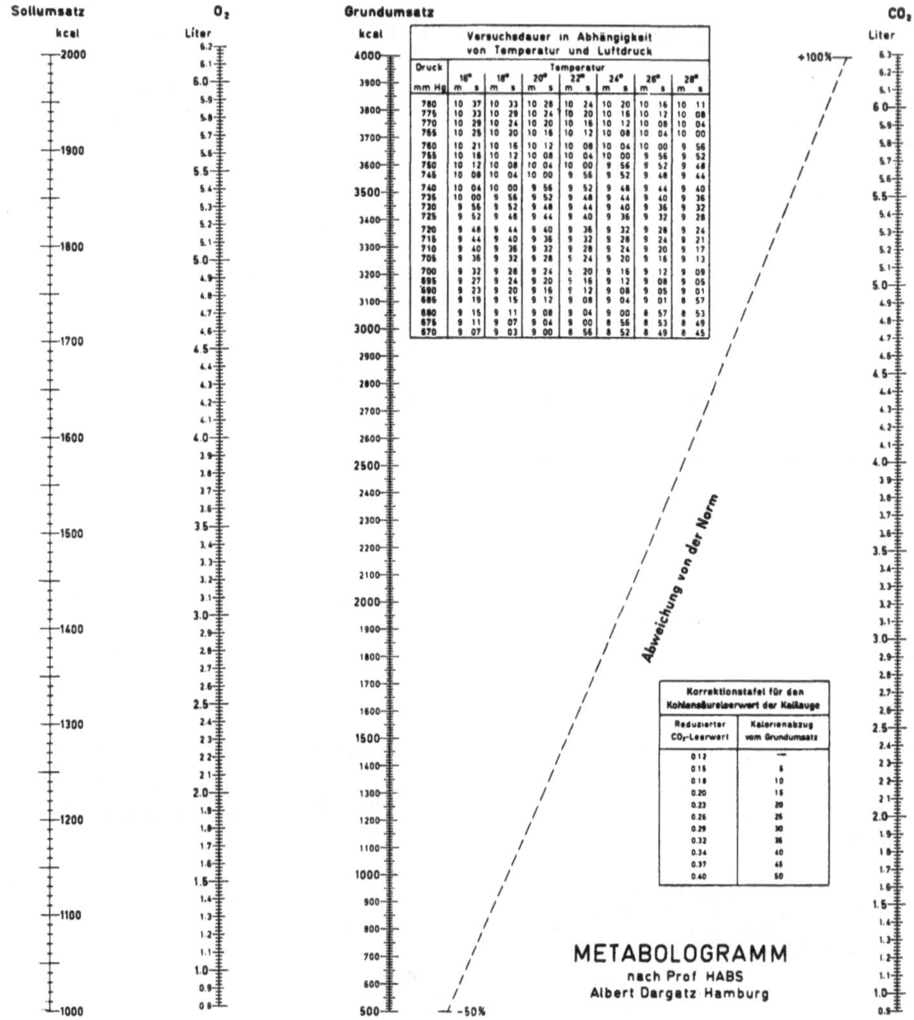

Abb. 105. Metabologramm

abzulesen, der den Kalorienabzug vom Grundumsatz angibt und vor Feststellung der prozentualen Abweichung abgezogen werden muß.

Bewertung. Abweichungen vom Sollumsatz um 10% nach oben oder unten werden noch als normal angesehen, erst darüber liegende Werte sind pathologisch und können bis +150% und bis —50% betragen.

Die Grundumsatzbestimmung ist heute unerläßlich zur Funktionsprüfung der Schilddrüsenerkrankungen. Das Thyroxin steuert die Zelloxydation; eine Hypersekretion von Thyroxin bedingt erhöhten Sauerstoffverbrauch. Die G. U.-Bestimmung ermöglicht eine Frühdiagnose der *Basedow*schen Krankheit, bei der der G. U. bis über +100% gesteigert sein kann; bei Hypothyreosen, Myxödem, kann er um —20% bis —30% herabgesetzt sein. Die G. U.-Bestimmung ist heute auch unerläßlich zur Kontrolle der Therapie der Schilddrüsenerkrankungen, vor und nach Operationen, während und nach Bestrahlungen, usw.

Differentialdiagnostisch ist der G. U. bei Fett- und Magersucht aufschlußreich. Überernährungsfettsucht zeigt einen erhöhten G. U.; myxödematöse Fettsucht einen herabgesetzten G. U., während ovarielle, testogene oder hypophysäre Fettsucht einen normalen G. U. haben.

Die Hypophysenvorderlappenfunktion kann durch eine G. U.-Bestimmung geprüft und mit einer Standard-Eiweißmahlzeit die spezifisch-dynamische Wirkung festgestellt werden, die den Umfang des Eiweißhungers direkt anzeigt. Normalerweise steigt nach einer Eiweißmahlzeit der Ruhenüchternumsatz für mehrere Stunden um 30% bis 40% an, bei hypophysärer Fettsucht ist der Anstieg geringer oder kann ganz fehlen und spricht auf entsprechende Hormonpräparate an. Andererseits läßt Magersucht mit extrem hoher spezifisch-dynamischer Wirkung auf Hypophysenüberfunktion schließen.

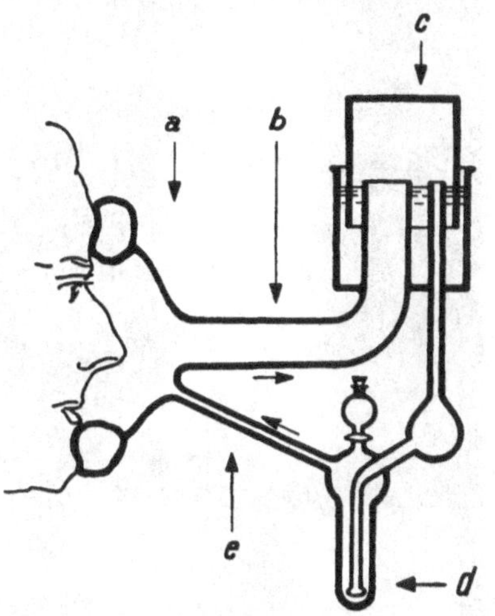

Abb. 106. Schemazeichnung

a) weite, weiche, bequeme, völlig durchsichtige Maske.
b) Weite Atemleitung ohne Ventile und andere Stenosen.
c) Spirograph. Atmung und Sauerstoffaufnahme, Atemgrenzwert und sp. Sättigung werden automatisch registriert, desgl. V. K.
d) Wasch- und Kohlensäureaggregat. Die Pumpe nimmt dem Patienten die Arbeit ab, die Ausatmungsluft durch das CO_2-Absorptionsmittel zu treiben und verhindert Pendelluftbildung.
e) Die Systemluftzirkulation erlaubt Verwendung weiter Masken und Atemleitung. Ohne diese Zirkulation ist Maskeninhalt Totraum, d. h. am Ende der Ausatmung ist dieser Raum mit Alveolarluft gefüllt, die dann statt Frischluft wieder eingeatmet wird.

Zu beachten ist, daß eine leichte Steigerung der G. U.-Werte bei vegetativ labilen Patienten auftreten kann. Zur Abgrenzung gegen eine pathologische leichte Erhöhung der Werte muß in diesen Fällen die G. U.-Bestimmung in bestimmten Abständen wiederholt werden, wodurch die G. U.-Werte sich normalisieren. Es kann aber auch bei der 1. Untersuchung Somnifen gegeben werden, durch welches die G. U.-Werte herabgedrückt werden, aber eine organisch bedingte Erhöhung bestehen bleibt. Auch Fieber, Leukämien, Tumoren können den Grundumsatz steigern und müssen beachtet werden. Differentialdiagnostisch kann eine Steigerung des G. U. nach Röntgenbestrahlung eines Tumors dessen Malignität anzeigen.

Mit dem großen **Spirographen** nach *Knipping* können nicht nur Ruhe-G. U.-Bestimmungen exakt ausgeführt werden, sondern er gibt die Möglichkeit, Arbeitsuntersuchungen und Funktionsprüfungen über große Zeiten bis zur Vita Maxima, der maximalen Belastung, durchzuführen. Das Spirometer registriert alle Feinheiten der Atmung, die Vitalkapazität, den Atemgrenzwert, den Atemzeitquotienten, die Sauerstoffschuld nach Apnoe (Atemstillstand), Herz- und Lungenfunktionsprüfungen. Mit besonderen Zusatzgeräten können noch weitere Untersuchungen, wie z. B. die wärmeelektrische Gasanalyse, vorgenommen werden.

Das große Gerät besitzt ein 16-l-Spirometer und 2 große Waschflaschen, die je 1 l KOH enthalten und die 100%ige Auswaschung des CO_2 garantieren. 1 l KOH ist etwa ausreichend für 4 Std. Ruheatmung oder etwa 30 Min. Atmung unter äußerster Belastung = Vita Maxima. (Statt der Waschflaschen werden neuerdings Natronkalkbehälter benutzt, wobei sich die Verwendung von Natrium hydricum cum calca mit CO_2-Sättigungsindikator [*Merck* und *Dargatz*] bewährt hat.) Um Behinderungen des Patienten bei Leistungsprüfungen durch den Anschluß an den Apparat weitgehend herabzusetzen und damit physische Einflüsse zu vermeiden, wird mit einem Maskenanschluß gearbeitet. Mit Hilfe einer Wechselkupplung kann aber auch ein Dreiwegehahn für Mundstückanschluß benutzt werden. Die Maske umschließt das ganze Gesicht und der Patient kann beliebig durch Mund und Nase atmen. Sie wird durch eine Gummibandage am Gesicht befestigt und durch Aufblasen eines Gummiluftpolsters gegen Außenluft abgedichtet; sonst ist sie völlig durchsichtig.

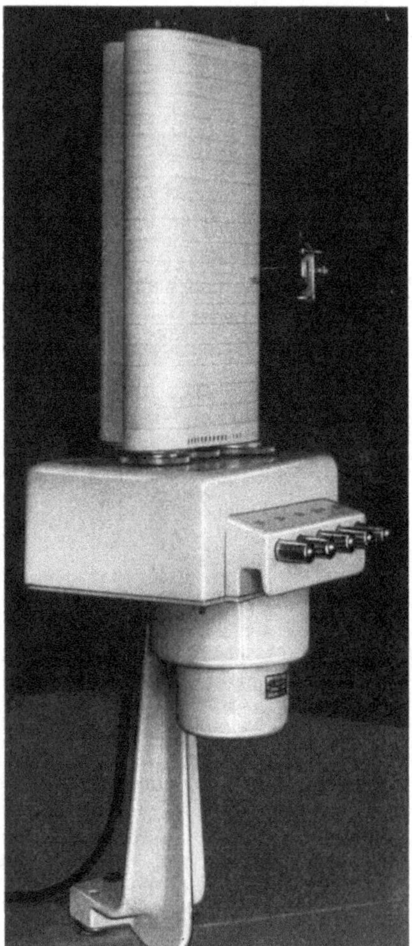

Abb. 107. Fünfgang-Motorkymographion

Da das Arbeiten mit einer Maske ohne Dreiwegehahn geschieht, werden 2 Waschflaschen gebraucht. Der Patient atmet zunächst über die Hilfsflasche und wird bei Beginn des Versuchs über einen Sechswegehahn auf die Meßflasche umgeschaltet, und nach Beendigung des Versuches wieder auf die Hilfsflasche zurückgedreht. Bei stehendem Motor wird dann der Patient abgekuppelt, das System geschlossen und nun erst das CO_2 aus der Meßflasche in Freiheit gesetzt und wie sonst gemessen und berechnet.

Der große Spirograph ist mit einem Wechsellauf-Kymographion ausgestattet, das einen Kurvenablauf in 15, 25, 50, 300 oder 3000 mm/sec wahlweise erlaubt.

Mit dem Spirographen als Basisapparatur und Zusatzgeräten können außer G. U.-Bestimmungen Messungen des Atemminutenvolumens = **AMV**, Bestimmung der Grenzwerte von AMV und O_2-Aufnahme unter Arbeit, Prüfungen von Medikamentwirkungen, Bestimmung der Apnoezeit bei In- und Expiration, Beeinflussung von endo- oder exogener Intoxikation auf die Atmung, Herzfunktionsprüfungen u. a. m. vorgenommen werden.

Für die Funktionsprüfung von Atmung und Kreislauf muß der Sauerstoffverbrauch unter genau gemessener körperlicher Arbeitsleistung bestimmt werden. Das **Ergometer** ist ein Gerät, das körperliche Arbeit dosiert und mißt. Die Arbeitsleistung ist eine Drehkurbelarbeit mit der Hand, wobei fast die gesamte Skelettmuskulatur beansprucht wird, aber ohne zu Kreislaufstörungen zu führen, wie z. B. beim Treppensteigen. Die Drehkurbelarbeit wird auf einen Dynamo übertragen und der Induktionsstrom durch Präzisionsampèremeter und Voltmeter gemessen. Die Leistung wird berechnet nach der Formel

$$L = J \text{ mal } E/\text{sec},$$

die Leistungsstufe wird in Watt/sec oder mkg/sec angegeben (1 mkg/sec = rund 10 W/sec).

Die **Arbeitsökonomie** wird durch das Verhältnis von geleisteter Arbeit zu aufgewandter Energie definiert, d. h. geleistete Wattzahl zu gesamter Arbeits-O_2-Aufnahme (in der Arbeits- zuzüglich Erholungszeit). Selbstverständlich ist davon der errechnete Wert des Ruheumsatzes abzuziehen (*Valentin—Venrath*). Es entspricht

$$1 \text{ Watt/sec} = 0{,}24 \text{ cal}$$
$$1 \text{ l } O_2\text{-Verbrauch} = 4{,}87 \text{ kcal}$$

Die Gasstoffwechseluntersuchung bei Arbeitsbelastung gibt bei Gesunden (z. B. Sportlern) Aufschluß über Leistungen und Beanspruchung von Herz, Lungen und Kreislauf bis zu Höchstanforderungen; im Krankheitsfall ermöglicht die Untersuchung unter Arbeitsleistung bis zur Vita Maxima eine Reihe von Einzelfaktoren zu bestimmen, die dem Arzt klinisch, therapeutisch und in der Gutachtertätigkeit ein klares Bild von dem tatsächlichen Leistungsumfang geben. Man kann differenzieren: respiratorische Insuffizienzen, gekennzeichnet durch das spirographische O_2-Defizit (O_2-Schuld nach Arbeitsleistung); Arbeitsinsuffizienzen des rechten und linken Herzens; Kreislaufinsuffizienzen.

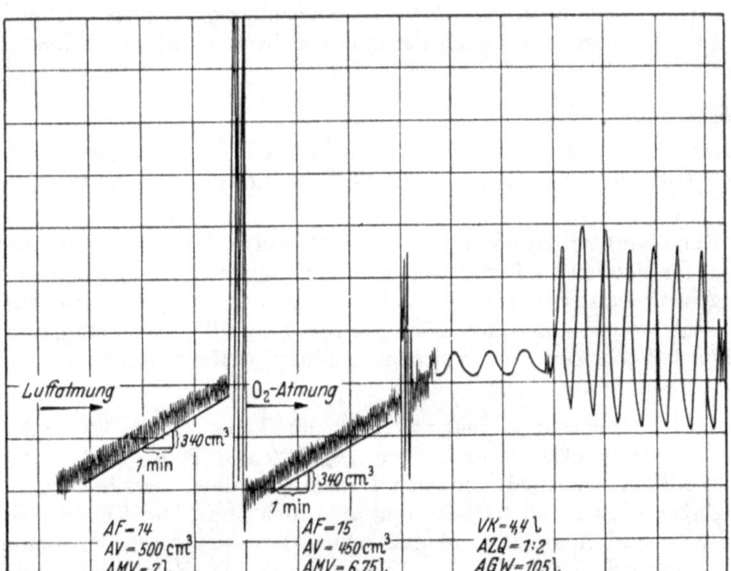

Abb. 108. Spirographische Untersuchung in Ruhe mit Bestimmung des AMV unter Luft- und O_2-Atmung der KV, des AQZ und des AGW sowie der O_2-Aufnahme. Aus: Valentin-Venrath

Zusätzlich kann noch die **Residualluft** und die **Mischungszeit** bestimmt werden. Die Residualluft ist die restliche Luftmenge im Thorax nach extremer Ausatmung. Die Mischungszeit ist die Zeitdauer, in der sich die Spannung eines Fremdgases (z. B. Wasserstoff) zwischen dem Kreislaufsystem und dem Thoraxvolumen (Residualluft + Reserveluft) ausgeglichen hat. Dazu wird eine elektrische Wasserstoffmeßkammer (nach *Knipping*) benutzt, die auf dem verschiedenen Wärmeleitvermögen von H_2 und Luft

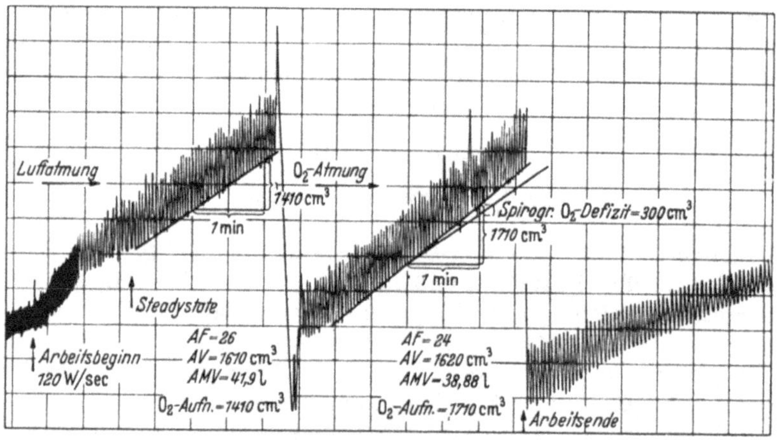

Abb. 109. Spirographisches O_2-Defizit bei der 2. Belastungsstufe einer Linksinsuffizienz. Aus: Valentin-Venrath

beruht. (Ein Galvanometer zeigt den Widerstandsunterschied zwischen zwei gleichen, dünnen Platindrähten an, von denen der eine von Systemluft, der andere von Außenluft umgeben ist.)

Untersuchungsgang.

Nach einer gründlichen Gesamtuntersuchung als Voraussetzung wird zuerst der Sollwert des Patienten aus Alter, Größe, Gewicht und Geschlecht festgestellt. Dann wird

1. der Ruhe-Nüchterngrundumsatz bestimmt, wobei der Patient liegt oder bequem auf einem Stuhl sitzt und mit der Gesichtsmaske an das System angeschlossen wird. Die Atmung wird registriert. Die Höhe eines Atemzuges ist gleich dem Atemvolumen = **AV**. AV mal Frequenz der Atemzüge pro Minute ergibt das Atemminutenvolumen = **AMV**. Durch Verbinden der Expirationspunkte der Kurve kann der O_2-Verbrauch abgelesen und berechnet werden.

Sodann werden Atemzeitquotient = **AZQ**, Vitalkapazität = **VK** und der Atemgrenzwert = **AGW** mehrfach im Stehen geprüft. Der Ruhe-AGW ist die Menge Luft, die je Minute maximal von den Lungen ventiliert werden kann, wozu der Patient möglichst schnell und tief ein- und ausatmen muß. Die VK wird durch maximale Einatmung und Atemstillstand und schnellster Ausatmung auf Kommando bestimmt und setzt sich zusammen aus Komplementärluft, Reserveluft und der Luftmenge eines Atemzuges. Das Kymographion bewegt sich dabei mit größerer Schreibgeschwindigkeit (50 oder 300 mm/sec).

Die Atemreserve wird definiert durch den AGW minus Ruhe-AMV und ergibt einen Anhaltspunkt für die Leistungsbreite der Lungen (nach *Knipping*).

2. An die Ruheuntersuchung schließt sich die 1. Arbeitsbelastungsstufe an, die mit kleinen Wattstufen beginnt. Zeigt sich dabei keine vermehrte O_2-Aufnahme, so wird nach größerer Ruhepause oder besser am nächsten Tag eine weitere Belastung mit höherer Wattstufe vorgenommen und kann mit Pausen allmählich bis zur Leistungsgrenze, der Vita Maxima, gesteigert werden bzw. so weit, bis spirographische O_2-Defizite auftreten (O_2-Mehraufnahme pro Minute nach der Umschaltung von Luft auf O_2-Atmung!). Unmittelbar nach jeder Belastung müssen VK und AGW geprüft und die Erholungs-O_2-Aufnahme 8 Min. lang registriert werden.

Als letztes kann sich die Bestimmung der Residualluft in Ruhe und bei Belastung sowie die Mischungszeitbestimmung anschließen.

Eine äußerst wichtige Voraussetzung zur Erzielung einwandfreier und exakter G. U.-Untersuchungsergebnisse ist die optimal beste Situierung des Patienten sowohl in physischer wie in psychischer Hinsicht. Es muß grundsätzlich vermieden werden, dem Patienten Anteilnahmemöglichkeiten am Geschehen im Untersuchungszimmer zu bieten, es sei denn, daß diese einer Beseitigung von Angstzuständen im Patienten dienlich sind.

Im besonderen sollen Gespräche im Grundumsatzlabor nicht stattfinden. Ebenfalls sollen keine anderen Untersuchungen im selben Raum gleichzeitig vorgenommen werden. Türen öffnen, Weckersignale usw. sind zu vermeiden. Ferner muß der Patient wahrhaft entspannt liegen. Das setzt eine korrekt vorschriftsmäßige Aufstellung des Ruhebettes und des Gerätes voraus.

Die **Weka-Respirationsapparate** (Kauhausen-Berlin) unterscheiden sich von den anderen Geräten im wesentlichen dadurch, daß das ausgeatmete CO_2 nicht an Lauge gebunden und durch Säure wieder in Freiheit gesetzt zu werden braucht. Die Ausatmungsluft wird hier getrocknet und in Natronkalk gebunden und mit einer Waage gravimetrisch gemessen. Das verbrauchte O_2 im System wird aus einem O_2-Vorratsgefäß über ein Ventil ergänzt und mit einem Manometer gemessen; das hat den Vorteil, daß eine Reduktion der Werte nicht notwendig ist. Da auch keine Motorpumpe vorhanden ist, ist die Bedienung dieser Apparate verhältnismäßig einfach und genügt für eine G. U.-Bestimmung mit Respiratorischem Quotienten. Da es sich aber um keine reine O_2-Atmung handelt, können Arbeitsbelastungsuntersuchungen, O_2-Defizite etc. damit nicht vorgenommen werden.

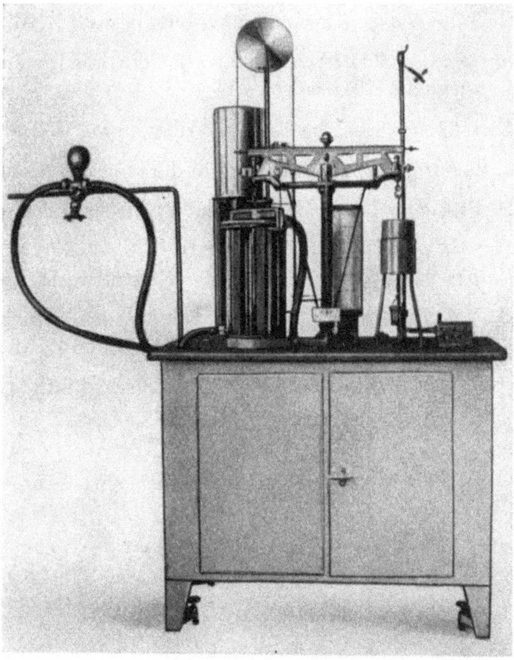

Abb. 110.
Weka-Respirationsgerät, Kauhausen-Berlin

Literatur

A. E. Herbert *Meyer* und Ernst Otto *Seitz:* Ultraviolettstrahlen, ihre Erzeugung, Messung und Anwendung in Medizin, Biologie und Technik. Walter de Gruyter, 1949.

Josef *Kowarschik:* Physikalische Therapie. Springer, Wien, 1948.

Wolfgang *Holzer:* Physikalische Medizin in Diagnostik und Therapie. Maudrich, Wien, 1940.

Robert *Jaeger:* Physik und Elektrizitätslehre. Leipzig, 1931.

Herbert *Graf:* Der elektrische Reizstrom und die Bedeutung seiner Kurvenformen. „Frequenz", Bd. 3, 1949. Schiele und Schön, 1949.

W. *Reusse:* Leitfaden der Kurzwellentherapie für die Praxis. 1949. Sanitas Berlin.

Josef *Korwarschik:* Kurzwellentherapie. Wien, 1944.

Johannes *Pätzold:* Die biophysikalischen Grundlagen der Kurzwellentherapie unter Berücksichtigung der sog. Mikrowellentherapie. „Strahlentherapie", Bd. 92, Heft 2, 1953.

Fritsch und *Schubart:* Einführung in die Kurzwellentherapie. Berlin und Wien, 1938.

W. *Hiedemann:* Grundlagen und Ergebnisse der Ultraschallforschung. Berlin 1939.

I. *Krebs:* Ultraschalltherapie. Determann, Osnabrück, 1950.

E. *Schliephake:* Kurzwellentherapie, 5. Aufl., 1952. Stuttgart, Piscator Verlag.

Jannssen — *Haas:* Schule und Atlas der Elektrokardiographie für die Praxis. Urban & Schwarzenberg, 1948.

Carl *Korth:* Klinische Elektrokardiographie. Urban & Schwarzenberg, 1952.

A. E. *Kornmüller:* Einführung in dic klinische Elektrenkephalographie. München—Berlin, 1944.

H. F. *Eiden:* Die Bedeutung der Elektroenzephalographie für den praktischen Arzt. Mü. med. Wo. Nr. 40/41, 1950.

Knipping und *Kowitz:* Klinische Gasstoffwechseltechnik. 1928, Springer, Berlin.

H. *Valentin* und H. *Venrath:* Die Differenzierung des respiratorischen Grundumsatzes. Beiträge zur Klinik der Tuberkulose, Bd. 107, 1952.

Hermann *Schall:* Nahrungsmitteltabellen. Barth, Leipzig, 1949.

Anhang

Tabellen über den Grundumsatz *)

A. Für Männer. — B. Für Frauen.

I. Faktor für das Körpergewicht. — II. Faktor für die Körperlänge und das Alter.

Man suche unter I. den Faktor für das Körpergewicht und addiere dazu den unter II. angegebenen Faktor für Länge und Alter. Die Summe ergibt den Grundumsatz, d. i. der Kalorienverbrauch pro Tag bei absoluter Bettruhe und Hunger.

Beispiel: Ein Mann von 4,5 kg Nacktgewicht hat den Faktor I = 1091 und bei einem Alter von 45 Jahren und einer Länge von 172 cm den Faktor II = 557, also zusammen Grundumsatz 1648 Kalorien.

(Nach *Harris, Benedict, Kestner* und *Knipping*)

NB! Der Grundumsatz in den Tropen ist um 15% kleiner als nachfolgend angegeben.

Steigerung des Grundumsatzes durch Nahrungszufuhr.

a) durch reines Eiweiß	40 %	durch gemischte Kost um 14,4%.
b) durch Rohrzucker	6 %	
c) durch Fett	14,4%	

Voraussagetabellen für den normalen Grundumsatz männlicher Personen

Tabelle A I

Faktor für das Körpergewicht

kg	0,0	0,1	0,2	0,3	0,4	0,5	0,6	0,7	0,8	0,9
3	107	108	111	112	113	115	116	118	119	120
4	121	123	125	126	127	129	130	132	133	134
5	135	136	138	140	141	143	144	145	146	147
6	148	149	150	152	154	156	158	159	160	161
7	162	163	164	166	168	170	172	173	174	175
8	176	177	178	179	181	182	184	185	187	189
9	190	192	193	194	195	197	198	200	201	202
10	203	204	206	207	209	210	211	213	214	216
11	217	218	220	221	223	224	225	227	229	230
12	231	232	234	235	237	238	239	241	243	244
13	245	246	248	250	251	252	254	255	256	257
14	258	259	261	262	264	265	266	267	269	271
15	272	273	275	276	277	279	280	281	283	285
16	286	287	289	290	292	293	295	296	298	299
17	300	301	302	304	305	306	308	309	311	312
18	313	315	316	318	320	321	322	324	325	326
19	327	329	330	331	333	334	335	337	339	340
20	341	343	344	345	347	348	349	351	353	354
21	355	357	358	359	361	362	363	365	366	367
22	368	369	370	372	373	374	376	377	379	381
23	382	383	385	386	387	389	390	391	393	394
24	396	397	399	401	402	403	406	407	408	409

*) Entnommen aus H. Schall, Nahrungsmitteltabellen, 14. Aufl. 1942 mit freundlicher Genehmigung des Verlages Johann Ambrosius Barth, Leipzig.

Tabelle A I (1. Fortsetzung). Faktor für das Körpergewicht ♂

kg	0,0	0,1	0,2	0,3	0,4	0,5	0,6	0,7	0,8	0,9
25	410	412	413	414	416	417	419	420	421	423
26	424	425	427	428	430	431	432	434	435	436
27	438	439	441	442	443	445	446	447	449	450
28	452	453	454	456	457	458	460	461	463	464
29	465	467	468	469	471	472	474	475	476	478
30	479	480	482	483	485	486	487	489	490	491
31	493	494	496	497	498	500	501	502	504	505
32	507	508	509	511	512	513	515	516	518	519
33	520	522	523	524	526	527	529	530	531	533
34	534	535	537	538	540	541	542	544	545	546
35	548	549	551	552	553	555	556	557	559	560
36	562	563	564	566	567	568	570	571	573	574
37	575	577	578	579	581	582	584	585	586	588
38	589	590	592	593	595	596	597	599	600	601
39	603	604	606	607	608	610	611	612	614	615
40	617	618	619	621	622	623	625	626	628	629
41	630	632	633	634	636	637	639	640	641	643
42	644	645	647	648	650	651	652	654	655	656
43	658	659	661	662	663	665	666	667	669	670
44	672	673	674	676	677	678	680	681	683	684
45	685	687	688	689	691	692	694	695	696	698
46	699	700	702	703	705	706	707	709	710	711
47	713	714	716	717	718	720	721	722	724	725
48	727	728	729	731	732	733	735	736	738	739
49	740	742	743	744	746	747	749	750	751	753
50	754	755	757	758	760	761	762	764	765	766
51	768	769	771	772	773	775	776	777	779	780
52	782	783	784	786	787	788	790	791	793	794
53	795	797	798	799	801	802	804	805	806	808
54	809	810	812	813	815	816	817	819	820	821
55	823	824	826	827	828	830	831	832	834	835
56	837	838	839	841	842	843	845	846	848	849
57	850	852	853	854	856	857	859	860	851	863
58	864	865	867	868	870	871	872	874	875	876
59	878	879	881	882	883	885	886	887	889	890
60	892	893	894	896	897	898	900	901	903	904
61	905	907	908	909	911	912	914	915	916	918
62	919	920	922	923	925	926	927	929	930	931
63	933	934	936	937	938	940	941	942	944	945
64	947	948	949	951	952	953	955	956	958	959
65	960	962	963	964	966	967	969	970	971	973
66	974	975	977	978	980	981	982	984	985	986
67	988	989	991	992	993	995	996	997	999	1000
68	1002	1003	1004	1006	1007	1008	1010	1011	1013	1014
69	1015	1017	1018	1019	1021	1022	1024	1025	1026	1028
70	1029	1030	1032	1033	1035	1036	1037	1039	1040	1041
71	1043	1044	1046	1047	1048	1050	1051	1052	1054	1055
72	1057	1058	1059	1061	1062	1063	1065	1066	1068	1069
73	1070	1072	1073	1074	1076	1077	1079	1080	1081	1083
74	1084	1085	1087	1088	1090	1091	1092	1094	1095	1096

Tabelle A I (2. Fortsetzung). Faktor für das Körpergewicht ♂

kg	0,0	0,1	0,2	0,3	0,4	0,5	0,6	0,7	0,8	0,9
75	1098	1099	1101	1102	1103	1105	1106	1107	1109	1110
76	1112	1113	1114	1116	1117	1118	1120	1121	1123	1124
77	1125	1127	1128	1129	1131	1132	1134	1135	1136	1138
78	1139	1140	1142	1143	1145	1146	1147	1149	1150	1151
79	1153	1154	1156	1157	1158	1160	1161	1162	1164	1165
80	1167	1168	1169	1171	1172	1173	1175	1176	1178	1179
81	1180	1182	1183	1184	1186	1187	1189	1190	1191	1193
82	1194	1195	1197	1198	1200	1201	1202	1204	1205	1206
83	1208	1209	1211	1212	1213	1215	1216	1217	1219	1220
84	1222	1223	1224	1226	1227	1228	1230	1231	1233	1234
85	1235	1237	1238	1239	1241	1242	1244	1245	1246	1248
86	1249	1250	1252	1253	1255	1256	1257	1259	1260	1261
87	1263	1264	1266	1267	1268	1270	1271	1272	1274	1275
88	1277	1278	1279	1281	1282	1283	1285	1286	1288	1289
89	1290	1292	1293	1294	1296	1297	1299	1300	1301	1303
90	1304	1305	1307	1308	1310	1311	1312	1314	1315	1316
91	1318	1319	1321	1322	1323	1325	1326	1327	1329	1330
92	1332	1333	1334	1336	1337	1338	1340	1341	1343	1344
93	1345	1347	1348	1349	1351	1352	1354	1355	1356	1358
94	1359	1360	1362	1363	1365	1366	1367	1369	1370	1371
95	1373	1374	1376	1377	1378	1380	1381	1383	1384	1385
96	1387	1388	1389	1391	1392	1394	1395	1396	1398	1399
97	1400	1402	1403	1405	1406	1407	1409	1410	1411	1413
98	1414	1416	1417	1418	1420	1421	1422	1424	1425	1427
99	1428	1429	1431	1432	1433	1435	1436	1438	1439	1440
100	1442	1443	1444	1446	1447	1449	1450	1451	1453	1454
101	1455	1457	1458	1460	1461	1462	1464	1465	1466	1468
102	1469	1471	1472	1473	1475	1476	1477	1479	1480	1482
103	1483	1484	1486	1487	1488	1490	1491	1493	1494	1495
104	1497	1498	1499	1501	1502	1504	1505	1506	1508	1509
105	1510	1512	1513	1515	1516	1517	1519	1520	1521	1523
106	1524	1526	1527	1528	1530	1531	1532	1534	1535	1537
107	1538	1539	1541	1542	1543	1545	1546	1548	1549	1550
108	1552	1553	1554	1556	1557	1559	1560	1561	1563	1564
109	1565	1567	1568	1570	1571	1572	1574	1575	1576	1578
110	1579	1581	1582	1583	1585	1586	1587	1589	1590	1592
111	1593	1594	1596	1597	1598	1600	1601	1603	1604	1605
112	1607	1608	1609	1611	1612	1614	1615	1616	1618	1619
113	1620	1622	1623	1625	1626	1627	1629	1630	1631	1633
114	1634	1636	1637	1638	1640	1641	1642	1644	1645	1647
115	1648	1649	1651	1652	1653	1655	1656	1658	1659	1660
116	1662	1663	1664	1666	1667	1669	1670	1671	1673	1674
117	1675	1677	1678	1680	1681	1682	1684	1685	1686	1688
118	1689	1691	1692	1693	1695	1696	1697	1699	1700	1702
119	1703	1704	1706	1707	1708	1710	1711	1713	1714	1715
120	1717	1718	1719	1721	1722	1724	1725	1726	1728	1729
121	1730	1732	1733	1735	1736	1737	1739	1740	1741	1743
122	1744	1746	1747	1748	1750	1751	1752	1754	1755	1757
123	1758	1759	1761	1762	1763	1765	1766	1768	1769	1770
124	1772	1773	1774	1776	1777	1779	1780	1781	1783	1784

Voraussagetabellen für den normalen Grundumsatz männlicher Personen

Tabelle A II

Faktor für Alter und Körperlänge

— Monate

0	2	4	6	8	10	12
45	105	160	210	245	270	290

Jahre

cm	1	2	3	4	5	6	7	8	9	10	11	12	13	14	15	16	17	18	19	20
60	160	—	—	—	—	—	—	—	—	—	—	—	—	—	—	—	—	—	—	—
64	200	—	—	—	—	—	—	—	—	—	—	—	—	—	—	—	—	—	—	—
68	240	210	—	—	—	—	—	—	—	—	—	—	—	—	—	—	—	—	—	—
72	280	250	—	—	—	—	—	—	—	—	—	—	—	—	—	—	—	—	—	—
76	320	290	255	—	—	—	—	—	—	—	—	—	—	—	—	—	—	—	—	—
80	360	330	295	265	—	—	—	—	—	—	—	—	—	—	—	—	—	—	—	—
84	400	370	335	300	—	—	—	—	—	—	—	—	—	—	—	—	—	—	—	—
88	440	410	375	345	310	—	—	—	—	—	—	—	—	—	—	—	—	—	—	—
92	480	450	415	385	350	320	—	—	—	—	—	—	—	—	—	—	—	—	—	—
96	520	485	455	425	390	360	330	—	—	—	—	—	—	—	—	—	—	—	—	—
100	560	530	495	460	430	400	370	630	350	340	330	280	230	205	180	166	153	140	128	—
104	—	570	535	500	470	440	410	405	400	395	390	330	280	250	220	210	193	180	168	155
108	—	610	575	540	510	480	450	450	450	450	450	390	330	300	260	245	233	221	208	196
112	—	—	615	580	550	520	490	495	500	500	500	440	380	340	300	287	273	261	248	235
116	—	—	655	620	590	560	530	540	550	550	550	490	430	385	340	327	313	300	288	276
120	—	—	695	660	630	605	580	590	600	600	600	540	480	430	380	368	353	341	328	316
124	—	—	—	690	670	650	630	635	640	645	650	590	530	470	420	417	393	381	368	356
128	—	—	—	725	710	695	680	685	690	695	700	640	580	520	460	448	433	421	408	395
132	—	—	—	—	750	735	720	730	740	745	750	690	630	570	500	486	473	460	448	436
136	—	—	—	—	790	780	770	775	780	790	800	740	680	620	540	526	513	500	488	476
140	—	—	—	—	830	820	810	820	830	835	840	780	720	650	580	565	553	540	528	516
144	—	—	—	—	—	850	860	870	880	885	890	825	760	690	620	607	593	580	568	555
148	—	—	—	—	—	890	900	910	920	935	950	885	820	740	660	647	633	621	608	595
152	—	—	—	—	—	—	940	950	960	975	990	925	860	780	700	685	673	660	648	635
156	—	—	—	—	—	—	970	980	990	1020	1030	960	890	815	740	725	713	698	678	661
160	—	—	—	—	—	—	1030	1025	1020	1040	1060	990	920	850	780	761	743	726	708	690
164	—	—	—	—	—	—	—	1050	1060	1080	1100	1040	960	885	810	794	775	755	738	721
168	—	—	—	—	—	—	—	—	1100	1120	1140	1070	1000	920	840	820	803	785	768	745
172	—	—	—	—	—	—	—	—	—	1180	1190	1110	1020	940	860	840	823	806	788	760
176	—	—	—	—	—	—	—	—	—	—	1230	1140	1040	960	880	860	843	825	808	780
180	—	—	—	—	—	—	—	—	—	—	—	1170	1060	980	900	880	863	845	828	800
184	—	—	—	—	—	—	—	—	—	—	—	—	—	1000	920	903	883	865	848	815
188	—	—	—	—	—	—	—	—	—	—	—	—	—	—	940	920	903	885	868	840
192	—	—	—	—	—	—	—	—	—	—	—	—	—	—	—	—	923	906	888	850
196	—	—	—	—	—	—	—	—	—	—	—	—	—	—	—	—	—	—	908	860
200	—	—	—	—	—	—	—	—	—	—	—	—	—	—	—	—	—	—	—	870

Tabelle A II (1. Fortsetzung). Faktor für Alter und Körperlänge ♂

Jahre cm	21	22	23	24	25	26	27	28	29	30	31	32
151	614	607	600	593	587	580	573	566	560	553	546	539
152	619	612	605	598	592	585	578	571	565	558	551	544
153	624	617	610	603	597	590	583	576	570	563	556	549
154	629	622	615	608	602	595	588	581	575	568	561	554
155	634	627	620	613	607	600	593	586	580	573	566	559
156	639	632	625	618	612	605	598	591	585	578	571	564
157	644	637	630	623	617	610	603	596	590	583	576	569
158	649	642	635	628	622	615	608	601	595	588	581	574
159	654	647	640	633	627	620	613	606	600	593	586	579
160	659	652	645	638	632	625	618	611	605	598	591	584
161	664	657	650	643	637	630	623	616	610	603	596	589
162	669	662	655	648	642	635	628	621	615	608	601	594
163	674	667	660	653	647	640	633	626	620	613	606	599
164	679	672	665	658	652	645	638	631	625	618	611	604
165	684	677	670	663	657	650	643	636	630	623	616	609
166	689	682	675	668	662	655	648	641	635	628	621	614
167	694	687	680	673	667	660	653	646	640	633	626	619
168	699	692	685	678	672	665	658	651	645	638	631	624
169	704	697	690	683	677	670	663	656	650	643	636	629
170	709	702	695	688	682	675	668	661	655	648	641	634
171	714	707	700	693	687	680	673	666	660	653	646	639
172	719	712	705	698	692	685	678	671	665	658	651	644
173	724	717	710	703	697	690	683	676	670	663	656	649
174	729	722	715	708	702	695	688	681	675	668	661	654
175	734	727	720	713	707	700	693	986	980	673	666	659
176	739	732	725	718	712	705	698	691	685	678	671	664
177	744	737	730	723	717	710	703	696	690	683	676	669
178	749	742	735	728	722	715	708	701	695	688	681	674
179	754	747	740	733	727	720	713	706	700	693	686	679
180	759	752	745	738	732	725	718	711	705	698	691	684
181	764	757	750	743	737	730	723	716	710	703	696	689
182	769	762	755	748	742	735	728	721	715	708	701	694
183	774	767	760	753	747	740	733	726	720	713	706	699
184	779	772	765	758	752	745	738	731	725	718	711	704
185	784	777	770	763	757	750	743	763	730	723	716	709
186	789	782	775	768	762	755	748	741	735	728	721	714
187	794	787	780	773	767	760	753	746	740	733	726	719
188	799	792	785	779	772	765	758	751	745	738	731	724
189	804	797	790	784	777	770	763	756	750	743	736	729
190	809	802	795	789	782	775	768	761	755	748	741	734
191	814	807	800	794	787	780	773	766	760	753	746	739
192	819	812	805	799	792	785	778	771	765	758	751	744
193	824	817	810	804	797	790	783	776	770	763	756	749
194	829	822	815	809	802	795	788	781	775	768	761	754
195	834	827	820	814	807	800	793	787	780	773	766	759
196	839	832	825	819	812	805	798	792	785	778	771	764
197	844	837	830	824	817	810	803	797	790	783	776	769
198	849	842	835	829	822	815	808	802	795	788	781	774
199	854	847	840	834	827	820	813	807	800	793	786	779
200	859	852	845	839	832	825	818	812	805	798	791	785

Tabelle A II (2. Fortsetzung). Faktor für Alter und Körperlänge ♂

Jahre cm	33	34	35	36	37	38	39	40	41	42	43	44	45
151	533	526	519	512	506	499	492	485	479	472	465	458	452
152	538	531	524	517	511	504	497	490	484	477	470	463	456
153	543	536	529	522	516	509	502	495	489	482	475	468	462
154	548	541	534	527	521	514	507	500	494	487	480	473	467
155	553	546	539	532	526	519	512	505	499	492	485	478	472
156	558	551	544	537	531	524	517	510	504	497	490	483	477
157	563	556	549	542	536	529	522	515	509	502	595	488	482
158	568	561	554	547	541	534	527	520	514	507	500	493	487
159	573	566	559	552	546	539	532	525	519	512	505	498	492
160	578	571	564	557	551	544	537	530	524	517	510	503	497
161	583	576	569	562	556	549	542	535	529	522	515	508	502
162	588	581	574	567	561	554	547	540	534	527	520	513	507
163	593	586	579	572	566	559	552	545	539	532	525	518	512
164	598	591	584	577	571	564	557	550	544	537	530	523	517
165	603	596	589	582	576	569	562	555	549	542	535	528	522
166	608	601	594	587	581	574	567	560	554	547	540	533	527
167	613	606	599	592	586	579	572	565	559	552	545	538	532
168	618	611	604	597	591	584	577	570	564	557	550	543	537
169	623	616	609	602	596	589	582	575	569	562	555	548	542
170	628	621	614	607	601	594	587	580	574	567	560	553	547
171	633	626	619	612	606	599	592	585	579	572	565	558	552
172	638	631	624	617	611	604	597	590	584	577	570	563	557
173	643	636	629	622	616	609	602	595	589	582	575	568	562
174	648	641	634	627	621	614	607	600	594	587	580	573	567
175	653	646	639	632	626	619	612	605	599	592	585	578	572
176	658	651	644	637	631	624	617	610	604	597	590	583	577
177	663	656	649	642	636	629	622	615	609	602	595	588	582
178	668	661	654	647	641	634	627	620	614	607	600	593	587
179	673	666	659	652	646	639	632	625	619	612	605	598	592
180	678	671	664	657	651	644	637	630	624	617	610	603	597
181	683	676	669	662	656	649	642	635	629	622	615	608	602
182	688	681	674	667	661	654	647	640	634	627	620	613	607
183	693	686	679	672	666	659	652	645	639	632	625	618	612
184	698	691	684	677	671	664	657	650	644	637	630	623	617
185	703	696	689	682	676	669	662	655	649	642	635	628	622
186	708	701	694	687	681	674	667	660	654	647	640	633	627
187	713	706	699	692	686	679	672	665	659	652	645	638	632
188	718	711	704	697	691	684	677	670	664	657	650	643	637
189	723	716	709	702	696	689	682	675	669	662	655	648	642
190	728	721	714	707	701	694	687	680	674	667	660	653	647
191	733	726	719	712	706	699	692	685	679	672	665	658	652
192	738	731	724	717	711	704	697	690	684	677	670	663	657
193	743	736	729	722	716	709	702	695	689	682	675	668	662
194	748	741	734	727	721	714	707	700	694	687	680	673	667
195	753	746	739	732	726	719	712	705	699	692	685	678	672
196	758	751	744	737	731	724	717	710	704	697	690	683	677
197	763	756	749	742	736	729	722	715	709	702	695	688	682
198	768	761	754	747	741	734	727	720	714	707	700	693	687
199	773	766	759	752	746	739	732	725	719	712	705	698	692
200	778	771	764	757	751	744	737	730	724	717	710	703	697

Tabelle A II (3. Fortsetzung). Faktor für Alter und Körperlänge ♂

Jahre	46	47	48	49	50	51	52	53	54	55	56	57
cm												
151	445	438	431	425	418	411	404	397	391	384	377	370
152	450	443	436	430	423	416	409	402	396	389	382	375
153	455	448	441	435	428	421	414	407	401	394	387	380
154	460	453	446	440	433	426	419	412	406	399	392	385
155	465	458	451	445	438	431	424	417	411	404	397	390
156	470	463	456	450	443	436	429	422	416	409	402	395
157	475	468	461	455	448	441	434	428	421	414	407	400
158	480	473	466	460	453	446	439	433	426	419	412	405
159	485	478	471	465	458	451	444	438	431	424	417	410
160	490	483	476	470	463	456	449	443	436	429	422	415
161	495	488	481	475	468	461	454	448	441	434	427	420
162	500	493	586	480	473	466	459	453	446	439	432	425
163	505	498	491	485	478	471	464	458	451	444	437	431
164	510	503	496	490	483	476	469	463	456	449	442	436
165	515	508	501	495	488	481	474	468	461	454	447	441
166	520	513	506	500	493	486	479	473	466	459	452	446
167	525	518	511	505	498	491	484	478	471	464	457	451
168	530	523	516	510	503	496	489	483	476	469	462	456
169	535	528	521	515	508	501	494	488	481	474	467	461
170	540	533	526	520	513	506	499	493	486	479	472	466
171	545	538	531	525	518	511	504	498	491	484	477	471
172	550	543	536	530	523	516	509	503	496	489	482	476
173	555	548	541	535	528	521	514	508	501	494	487	481
174	560	553	546	540	533	526	519	513	506	499	492	486
175	565	558	551	545	538	531	524	518	511	504	497	491
176	570	563	556	550	543	536	529	523	516	509	502	496
177	575	568	561	555	548	541	534	528	521	514	507	501
178	580	573	566	560	553	546	539	533	526	519	512	506
179	585	578	571	565	558	551	544	538	531	524	517	511
180	590	583	576	570	563	556	549	543	536	529	522	516
181	595	588	581	575	568	561	554	548	541	534	527	521
182	600	593	586	580	573	566	559	553	546	539	532	526
183	605	598	591	585	578	571	564	558	551	544	537	531
184	610	603	596	590	583	576	569	563	556	549	542	536
185	615	608	601	595	588	581	574	568	561	554	547	541
186	620	613	606	600	593	586	579	573	566	559	552	546
187	625	618	611	605	598	591	584	578	571	564	557	551
188	630	623	616	610	603	596	589	583	576	569	562	556
189	635	628	621	615	608	601	594	588	581	574	567	561
190	640	633	626	620	613	606	599	593	586	579	572	566
191	645	638	631	625	618	611	604	598	591	584	577	571
192	650	643	636	630	623	616	609	603	596	589	582	576
193	655	648	641	635	628	621	614	608	601	594	587	581
194	660	653	646	640	633	626	619	613	606	599	592	586
195	665	658	651	645	638	631	624	618	611	604	597	591
196	670	663	656	650	643	636	629	623	616	609	602	596
197	675	668	661	655	648	641	634	628	621	614	607	601
198	680	673	666	660	653	646	639	633	626	619	612	606
199	685	678	671	665	658	651	644	638	631	624	617	611
200	690	683	676	670	663	656	649	643	636	629	622	616

Tabelle A II (4. Fortsetzung). Faktor für Alter und Körperlänge ♂

Jahre / cm	58	59	60	61	62	63	64	65	66	67	68	69	70
151	364	357	350	343	337	330	323	316	310	303	296	289	283
152	369	362	355	348	342	335	328	321	315	308	301	294	288
153	374	367	360	353	347	340	333	326	320	313	306	299	293
154	379	372	365	358	352	345	338	331	325	318	311	304	298
155	384	377	370	363	357	350	343	336	330	323	316	309	303
156	389	182	375	368	362	355	348	341	335	328	321	314	308
157	394	387	380	373	367	360	353	346	340	333	326	319	313
158	399	392	385	378	372	365	358	351	345	338	331	324	318
159	404	397	390	383	377	370	363	356	350	343	336	329	323
160	409	402	395	388	382	375	368	361	355	348	341	334	328
161	414	407	400	393	387	380	373	366	360	353	346	339	333
162	419	412	405	398	392	385	378	371	365	358	351	344	338
163	424	417	410	403	397	390	383	376	370	363	356	349	343
164	429	422	415	408	402	395	388	381	375	368	361	354	348
165	434	427	420	413	407	400	393	386	380	373	366	359	353
166	439	432	425	418	412	405	398	391	385	378	371	364	358
167	444	437	430	423	417	410	403	396	390	383	376	369	363
168	449	442	435	428	422	415	408	401	395	388	381	374	368
169	454	447	440	434	427	420	413	406	400	393	386	379	373
170	459	452	445	439	432	425	418	411	405	398	391	384	378
171	464	457	450	444	437	430	423	416	410	403	496	389	383
172	469	462	455	449	442	435	428	421	415	408	401	394	388
173	474	467	460	454	447	440	433	426	420	413	406	399	393
174	479	472	465	459	452	445	438	431	425	418	411	404	398
175	484	477	470	464	457	450	443	437	430	423	416	409	403
176	489	482	475	469	462	455	448	442	435	428	421	414	408
177	494	487	480	474	467	460	453	447	440	433	426	419	413
178	499	492	485	479	472	465	458	452	445	438	431	424	418
179	504	497	490	484	477	470	463	457	450	443	436	429	423
180	509	502	495	489	482	475	468	462	455	448	441	434	428
181	514	507	500	494	487	480	473	467	460	453	446	440	433
182	519	512	505	499	492	585	478	472	465	458	451	445	438
183	524	517	510	504	497	490	483	477	470	463	456	450	443
184	529	522	515	509	502	495	488	482	475	468	461	455	448
185	534	527	520	514	507	500	493	487	480	473	466	460	453
186	539	532	525	519	512	505	498	492	485	478	471	465	458
187	544	537	530	524	517	510	503	497	490	483	476	470	463
188	549	542	535	529	522	515	508	502	495	488	481	475	468
189	554	547	540	534	527	520	513	507	500	493	486	480	473
190	559	552	545	539	532	525	518	512	505	498	491	485	478
191	564	557	550	544	537	530	523	517	510	503	496	490	483
192	569	562	555	549	542	535	528	522	515	508	501	495	488
193	574	567	560	554	547	540	533	527	520	513	506	500	493
194	579	572	565	559	552	545	538	532	525	518	511	505	498
195	584	577	570	564	557	550	543	537	530	523	516	510	503
196	589	582	575	569	562	555	548	542	535	528	521	515	508
197	594	587	580	574	567	560	553	547	540	533	526	520	513
198	599	592	585	579	572	565	558	552	545	538	531	525	518
199	604	597	590	584	577	570	563	557	550	543	536	530	523
200	609	602	595	589	582	575	568	562	555	548	541	535	528

Voraussagetabellen für den normalen Grundumsatz weiblicher Personen

Tabelle B I

Faktor für das Körpergewicht

kg	0,0	0,1	0,2	0,3	0,4	0,5	0,6	0,7	0,8	0,9
3	683	684	685	686	687	688	689	690	691	692
4	693	694	695	696	697	698	698	699	700	701
5	702	703	704	705	706	707	708	709	710	711
6	712	713	714	715	716	717	717	718	719	720
7	721	722	723	724	725	726	727	728	729	730
8	731	732	733	734	735	736	737	738	739	740
9	741	742	743	744	745	746	747	748	749	750
10	751	752	753	754	755	756	756	757	758	759
11	760	761	762	763	764	765	766	767	768	769
12	770	771	772	773	774	775	775	776	777	778
13	779	780	781	782	783	784	785	786	787	788
14	789	790	791	792	793	794	794	795	796	797
15	798	799	800	801	802	803	804	805	806	807
16	808	809	810	811	812	813	814	815	816	817
17	818	819	820	821	822	823	823	824	825	826
18	827	828	829	830	831	832	833	834	835	836
19	837	838	839	840	841	842	842	843	844	845
20	846	847	848	849	850	851	852	853	854	855
21	856	857	858	859	860	861	861	862	863	864
22	865	866	867	868	869	870	871	872	873	874
23	875	876	877	878	879	880	881	882	883	884
24	885	886	887	888	889	890	890	891	892	893
25	894	895	896	897	898	899	900	901	901	903
26	904	905	906	907	908	909	909	910	911	912
27	913	914	915	916	917	918	919	920	921	922
28	923	924	925	926	927	928	929	930	931	931
29	932	933	934	935	936	937	938	939	940	941
30	942	943	944	945	946	947	948	949	950	951
31	952	953	953	954	955	956	957	958	959	960
32	961	962	963	964	965	966	967	968	969	970
33	971	972	973	974	975	975	976	977	978	979
34	980	981	982	983	984	985	986	987	988	989
35	990	991	992	993	994	995	969	997	997	998
36	999	1000	1001	1002	1003	1004	1005	1006	1007	1008
37	1009	1010	1011	1012	1013	1014	1015	1016	1017	1018
38	1019	1019	1020	1021	1022	1023	1024	1025	1026	1027
39	1028	1029	1030	1031	1032	1033	1034	1035	1036	1037
40	1038	1039	1040	1041	1041	1042	1043	1044	1045	1046
41	1047	1048	1049	1050	1051	1052	1053	1054	1055	1056
42	1057	1058	1059	1060	1061	1062	1062	1063	1064	1065
43	1066	1067	1068	1069	1070	1071	1072	1073	1074	1075
44	1076	1077	1078	1079	1080	1081	1082	1083	1084	1084
45	1085	1086	1087	1088	1089	1090	1091	1092	1093	1094

Tabelle B I (1. Fortsetzung). Faktor für das Körpergewicht ♀

kg	0,0	0,1	0,2	0,3	0,4	0,5	0,6	0,7	0,8	0,9
46	1095	1096	1097	1098	1099	1100	1101	1102	1103	1104
47	1105	1106	1106	1107	1108	1109	1110	1111	1112	1113
48	1114	1115	1116	1117	1118	1119	1120	1121	1122	1123
49	1124	1125	1126	1127	1128	1128	1129	1130	1131	1132
50	1133	1134	1135	1136	1137	1138	1139	1140	1141	1142
51	1143	1144	1145	1146	1147	1148	1149	1150	1150	1151
52	1152	1153	1154	1155	1156	1157	1158	1159	1160	1161
53	1162	1163	1164	1165	1166	1167	1168	1169	1170	1171
54	1172	1172	1173	1174	1175	1176	1177	1178	1179	1180
55	1181	1182	1183	1184	1185	1186	1187	1188	1189	1190
56	1191	1192	1193	1194	1194	1195	1196	1197	1198	1199
57	1200	1201	1202	1203	1204	1205	1206	1207	1208	1209
58	1210	1211	1212	1213	1214	1215	1216	1216	1217	1218
59	1219	1220	1221	1222	1223	1224	1225	1226	1227	1228
60	1229	1230	1231	1232	1233	1234	1235	1236	1237	1238
61	1238	1239	1240	1241	1242	1243	1244	1245	1246	1247
62	1248	1249	1250	1251	1252	1253	1254	1255	1256	1257
63	1258	1259	1260	1260	1261	1262	1263	1264	1265	1266
64	1267	1268	1269	1270	1271	1272	1273	1274	1275	1276
65	1277	1278	1279	1280	1281	1281	1282	1283	1284	1285
66	1286	1287	1288	1289	1290	1291	1292	1293	1294	1295
67	1296	1297	1298	1299	1300	1301	1302	1303	1303	1304
68	1305	1306	1307	1308	1309	1310	1311	1312	1313	1314
69	1315	1316	1317	1318	1319	1320	1321	1322	1323	1324
70	1325	1325	1326	1327	1328	1329	1330	1331	1332	1333
71	1334	1335	1336	1337	1338	1339	1340	1341	1342	1343
72	1344	1345	1346	1347	1347	1348	1349	1350	1351	1352
73	1353	1354	1355	1356	1357	1358	1359	1360	1361	1362
74	1363	1364	1365	1366	1367	1368	1369	1369	1370	1371
75	1372	1373	1374	1375	1376	1377	1378	1379	1380	1381
76	1382	1383	1384	1385	1386	1387	1388	1389	1390	1391
77	1391	1392	1393	1394	1395	1396	1397	1398	1399	1400
78	1401	1402	1403	1404	1405	1406	1407	1408	1409	1410
79	1411	1412	1413	1413	1414	1415	1416	1417	1418	1419
80	1420	1421	1422	1423	1424	1425	1426	1427	1428	1429
81	1430	1431	1432	1433	1434	1435	1435	1436	1437	1438
82	1439	1440	1441	1442	1443	1444	1445	1446	1447	1448
83	1449	1450	1451	1452	1453	1454	1455	1456	1457	1457
84	1458	1459	1460	1461	1462	1463	1464	1465	1466	1467
85	1468	1469	1470	1471	1472	1473	1474	1475	1476	1477
86	1478	1479	1479	1480	1481	1482	1483	1484	1485	1486
87	1487	1488	1489	1490	1491	1492	1493	1494	1495	1496
88	1497	1498	1499	1500	1501	1502	1503	1504	1504	1505
89	1506	1507	1508	1509	1510	1511	1512	1513	1514	1515
90	1516	1517	1518	1519	1520	1521	1522	1522	1523	1524
91	1525	1526	1527	1528	1529	1530	1531	1532	1533	1534
92	1535	1536	1537	1538	1539	1540	1541	1542	1543	1544
93	1544	1545	1546	1547	1548	1549	1550	1551	1552	1553
94	1554	1555	1556	1557	1558	1559	1560	1561	1562	1563

Tabelle B I (2. Fortsetzung). Faktor für das Körpergewicht ♀

kg	0,0	0,1	0,2	0,3	0,4	0,5	0,6	0,7	0,8	0,9
95	1564	1565	1566	1566	1567	1568	1569	1570	1571	1572
96	1573	1574	1575	1576	1577	1578	1579	1580	1581	1582
97	1583	1584	1585	1586	1587	1588	1588	1589	1590	1591
98	1592	1593	1594	1595	1596	1597	1598	1599	1600	1601
99	1602	1603	1604	1605	1606	1607	1608	1609	1610	1610
100	1611	1612	1613	1614	1615	1616	1617	1618	1619	1620
101	1621	1622	1623	1624	1625	1626	1227	1628	1629	1630
102	1631	1632	1632	1633	1634	1635	1636	1637	1638	1639
103	1640	1641	1642	1643	1644	1645	1646	1647	1648	1649
104	1650	1651	1652	1653	1654	1654	1655	1656	1657	1658
105	1659	1660	1661	1662	1663	1664	1665	1666	1667	1668
106	1669	1670	1671	1672	1673	1674	1675	1676	1676	1677
107	1678	1679	1680	1681	1682	1683	1684	1685	1686	1687
108	1688	1689	1690	1691	1692	1693	1694	1695	1696	1697
109	1698	1698	1699	1700	1701	1702	1703	1704	1705	1706
110	1707	1708	1709	1710	1711	1712	1713	1714	1715	1716
111	1717	1718	1719	1720	1720	1721	1722	1723	1724	1725
112	1726	1727	1728	1729	1730	1731	1732	1733	1734	1735
113	1736	1737	1738	1739	1740	1741	1741	1742	1743	1744
114	1745	1746	1747	1748	1749	1750	1751	1752	1753	1754
115	1755	1756	1757	1758	1759	1760	1761	1762	1763	1763
116	1764	1765	1766	1767	1768	1769	1770	1771	1772	1773
117	1774	1775	1776	1777	1778	1779	1780	1781	1782	1783
118	1784	1785	1785	1786	1787	1788	1789	1790	1791	1792
119	1793	1794	1795	1796	1797	1798	1799	1800	1801	1802
120	1803	1804	1805	1806	1807	1807	1808	1809	1810	1811
121	1812	1813	1814	1815	1816	1817	1818	1819	1820	1821
122	1822	1823	1824	1825	1826	1827	1828	1829	1829	1830
123	1831	1832	1833	1834	1835	1836	1837	1838	1839	1840
124	1841	1842	1843	1844	1845	1846	1847	1848	1849	1850

Voraussagetabellen für den normalen Grundumsatz weiblicher Personen

Tabelle B II

Faktor für Alter und Körperlänge

Monate

0	2	4	6	8	10	12
—535	—475	—420	—370	—325	—265	—225

Jahre

cm	1	2	3	4	5	6	7	8	9	10	11	12	13	14	15	16	17	18	19
60	—264	—	—	—	—	—	—	—	—	—	—	—	—	—	—	—	—	—	—
64	—248	—	—	—	—	—	—	—	—	—	—	—	—	—	—	—	—	—	—
68	—232	—177	—	—	—	—	—	—	—	—	—	—	—	—	—	—	—	—	—
72	—216	—161	—	—	—	—	—	—	—	—	—	—	—	—	—	—	—	—	—
76	—200	—145	—90	—	—	—	—	—	—	—	—	—	—	—	—	—	—	—	—
80	—184	—129	—74	54	—	—	—	—	—	—	—	—	—	—	—	—	—	—	—
84	—168	—113	—58	38	—	—	—	—	—	—	—	—	—	—	—	—	—	—	—
88	—152	— 97	—42	22	—2	—	—	—	—	—	—	—	—	—	—	—	—	—	—
92	—136	— 81	—26	—7	12	11	—	—	—	—	—	—	—	—	—	—	—	—	—
96	—120	— 65	—10	7	25	25	26	—	—	—	—	—	—	—	—	—	—	—	—
100	—104	— 49	6	28	40	41	42	37	33	38	43	31	14	10	5	—0	—5	10	14
104	—	21	22	39	56	57	58	56	54	58	62	45	30	25	21	16	11	6	2
108	—	5	38	55	72	73	74	75	75	80	85	65	56	47	37	32	27	23	18
112	—	—	54	71	88	89	90	90	91	96	101	87	72	62	53	48	43	38	34
116	—	—	70	87	105	105	106	106	107	112	117	107	98	84	69	64	59	54	50
120	—	—	86	106	126	129	132	128	123	133	143	129	114	97	80	77	75	71	66
124	—	—	—	136	142	146	148	143	138	148	159	145	130	115	101	101	101	91	82
128	—	—	—	155	158	161	164	162	161	167	175	161	146	132	117	112	107	103	98
132	—	—	—	—	174	177	180	180	181	186	191	177	162	148	133	128	123	119	114
136	—	—	—	—	190	193	196	196	197	202	207	192	178	159	140	140	139	134	130
140	—	—	—	—	206	209	212	212	213	219	228	211	194	180	165	160	155	150	146
144	—	—	—	—	—	222	228	233	239	244	241	230	210	195	181	176	171	167	162
148	—	—	—	—	—	240	244	248	255	260	265	250	236	220	197	192	187	182	178
152	—	—	—	—	—	—	260	265	271	277	281	267	252	232	212	206	201	197	192
156	—	—	—	—	—	—	276	282	287	292	297	279	260	243	227	221	215	210	206
160	—	—	—	—	—	—	282	288	293	298	303	289	274	258	242	235	229	224	220
164	—	—	—	—	—	—	—	—	309	311	313	301	290	274	257	250	243	239	234
168	—	—	—	—	—	—	—	—	—	335	325	315	306	288	271	263	255	250	246
172	—	—	—	—	—	—	—	—	—	—	331	324	318	301	285	276	267	263	258
176	—	—	—	—	—	—	—	—	—	—	—	—	328	314	299	289	279	274	270
180	—	—	—	—	—	—	—	—	—	—	—	—	—	323	313	302	291	287	282
184	—	—	—	—	—	—	—	—	—	—	—	—	—	—	327	315	303	298	294
188	—	—	—	—	—	—	—	—	—	—	—	—	—	—	—	318	313	309	304
192	—	—	—	—	—	—	—	—	—	—	—	—	—	—	—	—	323	319	314
196	—	—	—	—	—	—	—	—	—	—	—	—	—	—	—	—	333	329	324
200	—	—	—	—	—	—	—	—	—	—	—	—	—	—	—	—	—	339	334

Tabelle B II (1. Fortsetzung). Faktor für Alter und Körperlänge ♀

Jahre	21	22	23	24	25	26	27	28	29	30	31	32
cm												
151	181	176	172	167	162	158	153	148	144	139	134	130
152	183	178	174	169	164	160	155	150	146	141	136	132
153	185	180	175	171	166	161	157	152	147	143	138	133
154	187	182	177	173	168	163	159	154	149	145	140	135
155	189	184	179	174	170	165	160	156	151	146	142	137
156	190	186	181	176	172	167	162	158	153	148	144	139
157	192	188	183	178	173	169	164	159	155	150	145	141
158	194	189	185	180	175	171	166	161	157	152	147	143
159	196	191	187	182	177	173	168	163	158	154	149	144
160	198	193	188	184	179	174	170	165	160	156	151	146
161	199	195	190	186	181	176	172	167	162	158	153	148
162	201	197	192	187	183	178	173	169	164	159	155	150
163	203	199	194	189	185	180	175	171	166	161	157	152
164	205	200	196	191	186	182	177	172	168	163	158	154
165	207	202	198	193	188	184	179	174	170	165	160	156
166	209	204	199	194	190	185	181	176	171	167	162	157
167	211	206	201	197	192	187	183	178	173	169	164	159
168	213	208	203	199	194	189	184	180	175	170	166	161
169	214	210	205	200	196	191	186	182	177	172	168	163
170	216	212	207	202	198	193	188	184	179	174	169	165
171	218	213	209	204	199	195	190	185	181	176	171	167
172	220	215	211	206	201	197	192	187	183	178	173	169
173	222	217	212	208	203	198	194	189	184	180	175	170
174	224	219	214	210	205	200	196	191	186	182	177	172
175	225	221	216	211	207	202	197	193	188	183	179	174
176	227	223	218	213	209	204	199	195	190	185	181	176
177	229	225	220	215	210	206	201	196	192	187	182	178
178	231	226	222	217	212	208	203	198	194	189	184	180
179	233	228	224	219	214	210	205	200	195	191	186	181
180	235	230	225	221	216	211	207	202	197	193	188	183
181	237	232	227	223	218	213	209	204	199	195	190	185
182	238	234	229	224	220	215	210	206	201	196	192	187
183	240	236	231	226	222	217	212	208	203	198	194	189
184	242	237	233	228	223	219	214	209	205	200	195	191
185	244	239	235	230	225	221	216	211	207	202	197	193
186	246	241	236	232	227	222	218	213	208	204	199	194
187	248	243	238	234	229	224	220	215	210	206	201	196
188	250	245	240	236	231	226	221	217	212	207	203	198
189	251	247	242	237	233	228	223	219	214	209	205	200
190	253	249	244	239	235	230	225	221	216	211	206	202
191	255	250	246	241	236	232	227	222	218	213	208	204
192	257	252	248	243	238	234	229	224	220	215	210	206
193	259	254	249	245	240	235	231	226	221	217	212	207
194	261	256	251	247	242	237	233	228	223	219	214	209
195	262	258	253	248	244	239	234	230	225	220	216	211
196	264	260	255	250	246	241	236	232	227	222	218	213
197	266	262	257	252	247	243	238	233	229	224	219	215
198	268	263	259	254	249	245	240	235	231	226	221	217
199	270	265	261	256	251	247	242	237	232	228	223	218
200	272	267	262	258	253	248	244	239	234	230	225	220

Tabelle B II (2. Fortsetzung). Faktor für Alter und Körperlänge ♀

Jahre / cm	33	34	35	36	37	38	39	40	41	42	43	44	45
151	125	120	116	111	106	102	97	92	88	83	78	74	69
152	127	122	117	113	108	103	99	94	89	85	80	75	71
153	129	124	119	115	110	105	101	96	91	87	82	77	73
154	131	126	121	117	112	107	102	98	93	88	84	79	74
155	132	128	123	118	114	109	104	100	95	90	86	81	76
156	134	130	125	120	116	111	106	102	97	92	87	83	78
157	136	131	127	122	117	113	108	103	99	94	89	85	80
158	138	133	129	124	119	115	110	105	101	96	91	87	82
159	140	135	130	126	121	116	112	107	102	98	93	88	84
160	142	137	132	128	123	118	114	109	104	100	95	90	86
161	143	139	134	129	125	120	115	111	106	101	97	92	87
162	145	141	136	131	127	122	117	113	108	103	99	94	89
163	147	143	138	133	128	124	119	114	110	105	100	96	91
164	149	144	140	135	130	126	121	116	112	107	102	98	93
165	151	146	142	137	132	128	123	118	113	109	104	99	95
166	153	148	143	139	134	129	125	120	115	111	106	101	97
167	155	150	145	141	136	131	127	122	117	113	108	103	98
168	156	152	147	142	138	133	128	124	119	114	110	105	100
169	158	154	149	144	140	135	130	126	121	116	112	107	102
170	160	155	151	146	141	137	132	127	123	118	113	109	104
171	162	157	153	148	143	139	134	129	125	120	115	111	106
172	164	159	154	150	145	140	136	131	126	122	117	112	108
173	166	161	156	152	147	142	138	133	128	124	119	114	110
174	168	163	158	154	149	144	139	135	130	125	121	116	111
175	169	165	160	155	151	146	141	137	132	127	123	118	113
176	171	167	162	157	153	148	143	139	134	129	124	120	115
177	173	168	164	159	154	150	145	140	136	131	126	122	117
178	175	170	166	161	156	152	147	142	138	133	128	124	119
179	177	172	167	163	158	153	149	144	139	135	130	125	121
180	179	174	169	165	160	155	151	146	141	137	132	127	123
181	180	176	171	166	162	157	152	148	143	138	134	129	124
182	182	178	173	168	164	159	154	150	145	140	136	131	126
183	184	180	175	170	165	161	156	151	147	142	137	133	128
184	186	181	177	172	167	163	158	153	149	144	139	135	130
185	188	183	179	174	169	165	160	155	150	146	141	136	132
186	190	185	180	176	171	166	162	157	152	148	143	138	134
187	192	187	182	178	173	168	164	159	154	150	145	140	135
188	193	189	184	179	175	170	165	161	156	151	147	142	137
189	195	191	186	181	177	172	167	163	158	153	149	144	139
190	197	192	188	183	178	174	169	164	160	155	150	146	141
191	199	194	190	185	180	176	171	166	162	157	152	148	143
192	201	196	191	187	182	177	173	168	163	159	154	149	145
193	203	198	193	189	184	179	175	170	165	161	156	151	147
194	205	200	195	191	186	181	176	172	167	162	158	153	148
195	206	202	197	192	188	183	178	174	169	164	160	155	150
196	208	204	199	194	190	185	180	175	171	166	161	157	152
197	210	205	201	196	191	187	182	177	173	168	163	159	154
198	212	207	203	198	193	189	184	179	175	170	165	160	156
199	214	209	204	200	195	190	186	181	176	172	167	162	158
200	216	211	206	202	197	192	188	183	178	174	169	164	160

Tabelle B II (3. Fortsetzung). Faktor für Alter und Körperlänge ♀

Jahre	46	47	48	49	50	51	52	53	54	55	56	57
cm												
151	64	60	55	50	46	41	36	31	27	22	17	13
152	66	61	57	52	47	43	38	33	29	24	19	15
153	68	63	59	54	49	45	40	35	31	26	21	16
154	70	65	60	56	51	46	42	37	32	28	23	18
155	72	67	62	58	53	48	44	39	34	30	25	20
156	73	69	64	59	55	50	45	41	36	31	27	22
157	75	71	66	61	57	52	47	43	38	33	29	24
158	77	72	68	63	58	54	49	44	40	35	30	26
159	79	74	70	65	60	56	51	46	42	37	32	28
160	81	76	72	67	62	57	53	48	43	39	34	29
161	83	78	73	69	64	59	55	50	45	41	36	31
162	85	80	75	71	66	61	57	52	47	42	38	33
163	86	82	77	72	68	63	58	54	49	44	40	35
164	88	84	79	74	70	65	60	56	51	46	42	37
165	90	85	81	76	71	67	62	57	53	48	43	39
166	92	87	83	78	73	69	64	59	55	50	45	41
167	94	89	84	80	75	70	66	61	56	52	47	42
168	96	91	86	82	77	72	68	63	58	54	49	44
169	98	93	88	83	79	74	69	65	60	55	51	46
170	99	95	90	85	81	76	71	67	62	57	53	48
171	101	97	92	87	83	78	73	68	64	59	54	50
172	103	98	94	89	84	80	75	70	66	61	56	52
173	105	100	96	91	86	82	77	72	67	63	58	53
174	107	102	97	93	88	83	79	74	69	65	60	55
175	109	104	99	95	90	85	81	76	71	67	62	57
176	110	106	101	96	92	87	82	78	73	68	64	59
177	112	108	103	98	94	89	84	80	75	70	66	61
178	114	109	105	100	95	91	86	81	77	72	67	63
179	116	111	107	102	97	93	88	83	79	74	69	65
180	118	113	108	104	99	94	90	85	80	76	71	66
181	120	115	110	106	101	96	92	87	82	78	73	68
182	122	117	112	108	103	98	93	89	84	79	75	70
183	123	119	114	109	105	100	95	91	86	81	77	72
184	125	121	116	111	107	102	97	93	88	83	78	74
185	127	122	118	113	108	104	99	94	90	85	80	76
186	129	124	120	115	110	106	101	96	92	87	82	78
187	131	126	121	117	112	107	103	98	93	89	84	79
188	133	128	123	119	114	109	105	100	95	91	86	81
189	134	130	125	120	116	111	106	102	97	92	88	83
190	136	132	127	122	118	113	108	104	99	94	90	85
191	138	134	129	124	119	115	110	105	101	96	91	87
192	140	135	131	126	121	117	112	107	103	98	93	89
193	142	137	133	128	123	119	114	109	104	100	95	90
194	144	139	134	130	125	120	116	111	106	102	97	92
195	146	141	136	132	127	122	118	113	108	104	99	94
196	147	143	138	133	129	124	119	115	110	105	101	96
197	149	145	140	135	131	126	121	117	112	107	103	98
198	151	146	142	137	132	128	123	118	114	109	104	100
199	153	148	144	139	134	130	125	120	116	111	106	102
200	155	150	145	141	136	131	127	122	117	113	108	103

Tabelle B II (4. Fortsetzung). Faktor für Alter und Körperlänge ♀

Jahre cm	58	59	60	61	62	63	64	65	66	67	68	69	70
151	8	3	−1,2	−6	−11	−15	−20	−25	−29	−34	−39	−43	−48
152	10	5	0,6	−4	− 9	−13	−18	−23	−27	−32	−37	−41	−46
153	12	7	2	−2	− 7	−12	−16	−21	−26	−30	−35	−40	−44
154	14	9	4	0	− 5	−10	−14	−19	−24	−28	−33	−38	−42
155	16	11	6	1	− 3	− 8	−13	−17	−22	−27	−31	−36	−41
156	17	13	8	3	− 1	− 6	−11	−15	−20	−25	−29	−34	−39
157	19	15	10	5	1	− 4	− 9	−14	−18	−23	−28	−32	−37
158	21	16	12	7	2	− 2	− 7	−12	−16	−21	−26	−30	−35
159	23	18	14	9	4	0	− 5	−10	−15	−19	−24	−29	−33
160	25	20	15	11	6	1	− 3	− 8	−13	−17	−22	−27	−31
161	27	22	17	13	8	3	− 1	− 6	−11	−15	−20	−25	−30
162	28	24	19	14	10	5	0	− 4	− 9	−14	−18	−23	−28
163	30	26	21	16	12	7	2	− 2	− 7	−12	−16	−21	−26
164	32	27	23	18	13	9	4	− 1	− 5	−10	−15	−19	−24
165	34	29	25	20	15	11	6	1	− 3	− 8	−13	−17	−22
166	36	31	26	22	17	12	8	3	− 2	− 6	−11	−16	−20
167	38	33	28	24	19	14	10	5	0	− 4	− 9	−14	−18
168	40	35	30	26	21	16	11	7	2	− 3	− 7	−12	−17
169	41	37	32	27	23	18	13	9	4	− 1	− 5	−10	−15
170	43	39	34	29	25	20	15	11	6	1	− 4	− 8	−13
171	45	40	36	31	26	22	17	12	8	3	− 2	− 6	−11
172	47	42	38	33	28	24	19	14	10	5	0	− 4	− 9
173	49	44	39	35	30	25	21	16	11	7	2	− 3	− 7
174	51	46	41	37	32	27	23	18	13	9	4	− 1	− 5
175	52	48	43	38	34	29	24	20	15	10	6	1	− 4
176	54	50	45	40	36	31	26	22	17	12	8	3	− 2
177	56	52	47	42	37	33	28	23	19	14	9	5	0
178	58	53	49	44	39	35	30	25	21	16	11	7	2
179	60	55	51	46	41	37	32	27	22	18	13	8	4
180	62	57	52	48	43	38	34	29	24	20	15	10	6
181	64	59	54	50	45	40	36	31	26	22	17	12	8
182	65	61	56	51	47	42	37	33	28	23	19	14	9
183	67	63	58	53	49	44	39	35	30	25	21	16	11
184	69	64	60	55	50	46	41	36	32	27	22	18	13
185	71	66	62	57	52	48	43	38	34	29	24	20	15
186	73	68	63	59	54	49	45	40	35	31	26	21	17
187	75	70	65	61	56	51	47	42	37	33	28	23	19
188	77	72	67	63	58	53	48	44	39	34	30	25	20
189	78	74	69	64	60	55	50	46	41	36	32	27	22
190	80	76	71	66	62	57	52	48	43	38	33	29	24
191	82	77	73	68	63	59	54	49	45	40	35	31	26
192	84	79	75	70	65	61	56	51	47	42	37	33	28
193	86	81	76	72	67	62	58	53	48	44	39	34	30
194	88	83	78	74	69	64	60	55	50	46	41	36	32
195	89	85	80	75	71	66	61	57	52	47	43	38	33
196	91	87	82	77	73	68	63	59	54	49	45	40	35
197	93	89	84	79	74	70	65	60	56	51	46	42	37
198	95	90	86	81	76	72	67	62	58	53	48	44	39
199	97	92	88	83	78	74	69	64	59	55	50	45	41
200	99	94	89	85	80	75	71	66	61	57	52	47	43

Sachverzeichnis

Zeitfracht Medien GmbH
Ferdinand-Jühlke-Straße 7
99095 Erfurt, Deutschland
produktsicherheit@kolibri360.de